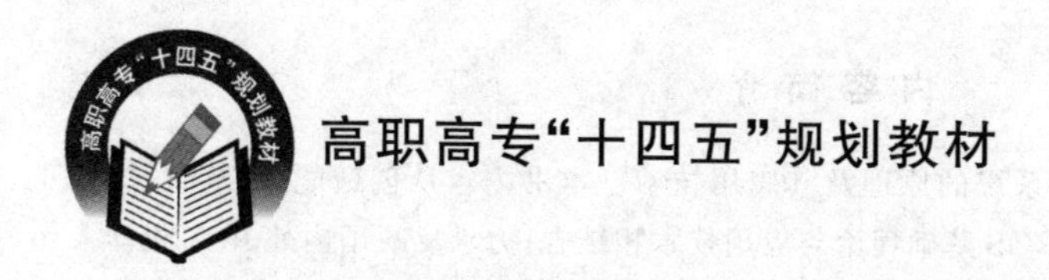

智能机器人入门与实战

主　编　许晓艳　张智军　陈　锐
副主编　李福运　杨大春　林雪梅

北京航空航天大学出版社

内 容 简 介

本书系统地论述了智能机器人系统的原理及其应用技术。本书内容从创新能力较强的应用型人才培养角度出发,重视机器人 ROS 基础理论与应用技术相结合,力求反映国内外 ROS 机器人研究领域的新进展,将最新开源的、通用的机器人软件 ROS 开发平台与智能机器人的人体跟踪技术、Slam 地图构建技术、Navigation 导航技术、语音合成与识别技术等内容引入教学中,以实现理论学习与实际应用相结合。

本书内容深入浅出,并将系统性、实用性和前沿性结合起来,可作为职业院校机器人工程、智能科学与技术、智能控制技术、计算机、自动化、电子信息与机械电子工程等专业的教材或参考书,也可作为本专科生机器人创新实践活动及相关学科竞赛的培训教材或供有关工程技术人员参考。

图书在版编目(CIP)数据

智能机器人入门与实战 / 许晓艳,张智军,陈锐主编. -- 北京 : 北京航空航天大学出版社, 2022.7
ISBN 978-7-5124-3798-2

Ⅰ. ①智… Ⅱ. ①许… ②张… ③陈… Ⅲ. ①智能机器人 Ⅳ. ①TP242.6

中国版本图书馆 CIP 数据核字(2022)第 079369 号

智能机器人入门与实战

主　编　许晓艳　张智军　陈　锐
副主编　李福运　杨大春　林雪梅
策划编辑　冯　颖　　责任编辑　董　瑞

*

北京航空航天大学出版社出版发行
北京市海淀区学院路 37 号(邮编 100191)　http://www.buaapress.com.cn
发行部电话:(010)82317024　传真:(010)82328026
读者信箱: goodtextbook@126.com　邮购电话:(010)82316936
北京一鑫印务有限责任公司印装　各地书店经销

*

开本:710×1 000　1/16　印张:10　字数:213 千字
2022 年 7 月第 1 版　2022 年 7 月第 1 次印刷　印数:2 000 册
ISBN 978-7-5124-3798-2　定价:39.00 元

前　言

本书以实战为重心，讲解 ROS 基础、机器语音、SLAM 和导航等方面 ROS 应用的实现原理和方法，并配有大量 ROS 图表、代码等，帮助读者在实现 ROS 基础功能的同时深入理解基于 ROS 的机器人应用和开发，从而将书中的内容用于实践。

本书力求遵循由浅入深，由易到难、由简到繁、循序渐进的教学规律，较为系统地介绍了智能机器人的原理及其应用技术，第 1 章～第 4 章讲解了 ROS 机器人操作系统的基础知识，通过对 ROS 的历史、工程架构、通信架构、launch 文件等内容和相关实例的介绍，帮助读者为第 5 章～第 9 章的应用技术学习奠定坚实的基础。第 5 章～第 9 章将最新开源的、通用的机器人软件 ROS 开发平台与智能机器人的人体跟踪技术、Slam 地图构建技术、Navigation 导航技术、语音合成与识别技术等引入实践教学中，真正做到了理实一体化教学。

智能机器人是一个新兴的研究领域，随着科技的不断发展，该领域将会出现更多创新性的理论、方法和技术。本书以职业岗位核心能力培养为目标，精选教学内容，力求内容新颖、叙述简练、应用灵活、学用结合，本书的发行可以一定程度上缓解国内 ROS 服务类机器人教材匮乏等问题。本书重点介绍了 ROS 机器人操作系统的基本原理和相关专业基础知识，希望为读者提供一个面向智能机器人领域的技术参考，可作为高等职业院校机器人工程、智能科学与技术、智能控制技术、计算机、自动化、电子信息与机械电子工程等专业学生的教材或参考书，也可作为本、专科生机器人创新实践活动及相关学科竞赛的培训教材或供有关工程技术人员参考。

本书是笔者所在的教学科研团队在智能机器人控制领域历年教学与科研实践工作的基础上，结合国内外相关文献的一个总结。主要编写人员有：许晓艳、张智军、陈锐。同时，课题组李福运、杨大春、林雪梅等在材料收集、学术讨论、图表绘制和代码编写上完成了大量工作。

本书编写工作得到了广东松山职业技术学院电气工程学院田亚娟院长、胡贵平书记以及自动化教研室同事的鼎力支持和无私帮助。同时，本书在编写过程中得到了深圳市元创兴科技有限公司的大力支持和帮助。

本书的出版得到了 2020 年度广东省教育厅重点领域项目“基于 ROS 的智能餐厅服务机器人的研发与应用”（项目编号：2020ZDZX3110）、2021 年度广东省教育厅重点领域项目“智能居家养老看护机器人的研发与应用”（项目编号：2021ZDZX1145）等课题的资助。北京航空航天大学出版社为本书的顺利出版做了大量细致的审校工作，作者对此表示衷心的感谢。

受限于笔者之能力，本书的错误和不妥之处，恳请读者批评指正，使之完善提高。

编 者
2022 年 2 月

目　录

第 1 章

初识 ROS

1.1 什么是 ROS?

机器人是一个系统工程,它涉及机械、电子、控制、通信、软件等诸多学科。以前开发一个机器人需要很长时间,需要设计机械元件、画电路板、写驱动程序、设计通信架构、组装集成、调试、编写各种感知决策和控制算法等,每一个任务都需要花费大量的时间。随着技术进步,机器人产业分工开始向细致化、多层次化发展,如今的电机、底盘、激光雷达、摄像头、机械臂等元器件都有不同厂家专门生产。社会分工加速了机器人行业的发展,而各个部件的集成需要一个统一的软件平台,在机器人领域,这个平台就是机器人操作系统 ROS(Robot Operating System)。

ROS 是一个适用于机器人编程的框架,这个框架把原本松散的零部件耦合在一起,为它们提供了通信架构。ROS 虽然叫作操作系统,但并非 Windows、Mac 那样通常意义的操作系统,它只是连接了操作系统和开发的 ROS 应用程序,所以它也算是一个中间件,在基于 ROS 的应用程序之间建立起了沟通的桥梁,所以也是 Linux 操作系统的运行环境,在此环境下,机器人的感知、决策、控制算法可以更好地组织和运行。以上几个关键词(框架、中间件、操作系统、运行时环境)都可以用来描述 ROS 的特性。ROS 操作方便、功能强大,特别适用于机器人这种多节点、多任务的复杂场景。因此,自 ROS 诞生以来,受到了学术界和工业界的欢迎,如今已经广泛应用于机械臂、移动底盘、无人机、无人车等。

1.2 ROS 特点

ROS 的核心——分布式网络,它的运行架构是一种使用 ROS 通信模块、实现模块间点对点松耦合的处理架构,它执行若干种类型的通信,包括基于 Service 的同步通信、基于 Topic 的异步数据流通信,还有参数服务器上的数据存储。总体来讲,ROS 主要有以下几个特点。

1. 分布式点对点

ROS 采用了分布式的框架,通过点对点的设计让机器人的进程可以分别运行,便于模块化地修改和定制,提高了系统的容错能力。

2. 多语言支持

ROS支持多种编程语言。C++、Python已经在ROS中实现编译，是目前应用最广的ROS开发语言，Lisp、C#、Java等语言的测试库也已经实现。为了支持多语言编程，ROS采用了一种语言中立的接口定义语言来实现各模块之间消息传送。通俗地理解就是，ROS的通信格式和用哪种编程语言来写无关，它使用的是自身定义的一套通信接口。

3. 精简与集成

每个功能节点都可以单独编译；集成众多开源项目；接口统一，提高软件复用率。

4. 免费和开源

ROS遵从BSD协议，允许其修改和重修发布其中的应用代码，甚至可以进行商业化的开发与销售。在短短的几年内，ROS软件包的的数量呈指数级增长，开发者可以在社区中下载、复用各种各样的机器人功能模块，这大大加速了机器人的应用开发。

5. 工具包丰富

为了管理复杂的ROS软件框架，人们利用了大量的小工具去编译和运行多种多样的ROS组建，从而设计成了内核，而不是构建一个庞大的开发和运行环境。

ROS为人们开发机器人带来了许多方便，然而它也有自身的缺点：如通信实时性能有限、系统稳定性尚不满足工业级要求、安全性上没有防护措施、仅支持Linux(Ubuntu)等。总体来说，ROS更适合科研和开源用户使用，如果在工业场景应用(例如无人驾驶)还需要做优化和定制。为了解决实际应用的问题，ROS2.0做了很大的改进，目前正在开发之中，未来表现值得期待。

1.3 ROS历史

随着机器人领域的快速发展和复杂化，代码的复用性和模块化的需求越来越强烈，而已有的开源机器人系统又不能很好地适应需求。为了迎接机器人的巨大市场需求，近几年产生了多种优秀机器人的软件框架，为软件开发工作提供了极大的便利，其中最为优秀的软件框架之一就是ROS，接下来简单介绍ROS的历史。

① 2007年，ROS起源于Stanford AI实验室，ROS是为了支持STAIR机器人而建立的交换庭(switchyard)项目，后又与Willow Garage公司的个人机器人项目(Personal Robots Program)之间合作。

② 2008年，ROS主要由Willow Garage来进行推动。随着PR2譬如叠衣服、插插座、做早饭等卓越的表现，ROS也得到越来越多的关注。

③ 2010年，Willow Garage公司正式发布了开源机器人操作系统ROS1.0，很快在机器人研究领域掀起了学习和使用ROS的热潮。

④ 2013 年,Open Source Robotics Foundation 接手维护 ROS。

⑤ 2016 年,ROS2.0 正式发布。

1.4 本章习题

1. 机器人操作系统的全称是什么?
2. ROS Kinetic 最佳适配的 Linux 版本是哪个?
3. ROS 的特点有哪些?
4. ROS 最早诞生于哪所学校的实验室?

第 2 章 ROS 基础

通过第 1 章的简单介绍,已经知道 ROS 的一些基本特点:ROS 不仅是一个开源的后操作系统、一些包和软件工具的集合,而且是一个优秀的机器人分布框架。在开始使用 ROS 之前,需要对其架构有一定的了解,以便更好地使用。

本章将一起学习以下内容。

① ROS 总体架构:ROS 系统的架构主要被设计和划分成了三部分:文件系统级(Filesystem Level),主要是指 ROS 内部结构和文件;计算图级(Computation Graph Level),主要是指进程和系统间的通信机制;开源社区级(Community Level),主要是指共享知识、算法和代码。

② ROS 基本命令、工具:ROS 开发时常常使用的核心命令分别是 roscore、rosnode、roslaunch、rosrun 等;常常使用的基本工具分别是:Gazebo、RViz、rqt、rosbag、rosbridge、moveit! 等,这六个工具是人们开发常常用到的工具。Gazebo 是一种最常用的 ROS 仿真工具,也是目前仿真 ROS 效果最好的工具;RViz 是可视化工具,是将接收到的信息呈现出来;rqt 则是非常好用的数据流可视化工具,有了它人们可以直观地看到消息的通信架构和流通路径;rosbag 则是对软件包进行操作的一个命令,此外还提供代码 API,对包进行操作编写;rosbridge 是一个沟通 ROS 和外界的功能包;moveit! 是截至目前应用最广泛的开源操作软件。

③ ROS 例程、ROS 系统工作空间及功能包的创建方法。

2.1 ROS 总体架构

2.1.1 文件系统级

从系统代码的维护者和分布来对 ROS 总体架构进行分类,主要有两大部分:一是 main:核心部分,主要由 Willow Garage 公司和一些开发者设计、提供以及维护,它提供了一些分布式计算的基本工具,以及负责整个 ROS 的核心部分的程序编写。二是 universe:全球范围的代码,由不同国家的 ROS 社区组织开发和维护。一种是库的代码,如 OpenCV、PCL 等;库的上一层是从功能角度提供的代码,如人脸识别,它们调用下层的库;最上层的代码是应用级的代码,让机器人完成某一确定的功能。然而,对于使用者来说,无论是谁提供或维护的代码,用户都可以下载到自己的计算机上,然后进行下一步工作。还可以从系统实现的角度来对 ROS 分级,主要分为三个级别:计算图级、文件系统级、社区级,如图 2.1 所示。

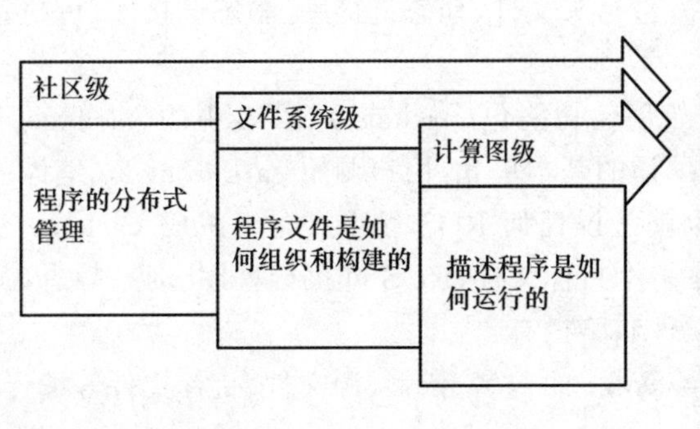

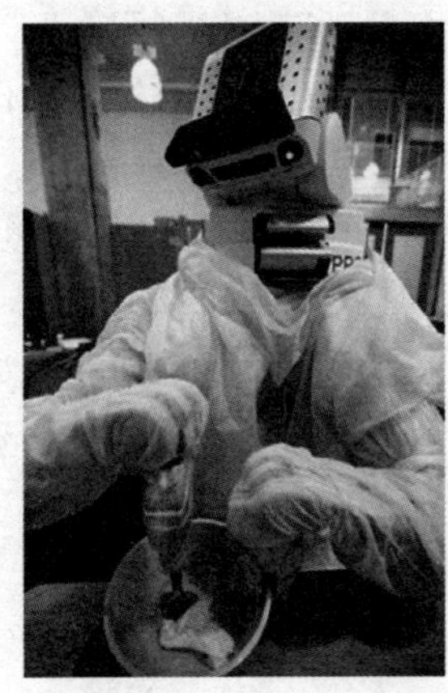

图 2.1　ROS 总体结构

ROS 文件系统级指的是在硬盘上查看的 ROS 源代码的组织形式。通俗地讲就是指 ROS 的工程结构,即文件系统结构。要学会建立一个 ROS 工程结构,首先要认识一个 ROS 工程,了解它们的组织架构,从根本上熟悉 ROS 项目的组织形式。了解各个文件的功能和作用,才能正确地进行开发和编程。

类似于操作系统,ROS 将所有文件按一定的规则进行组织,不同功能的文件被放置在不同的文件夹下,ROS 的工程架构如图 2.2 所示。

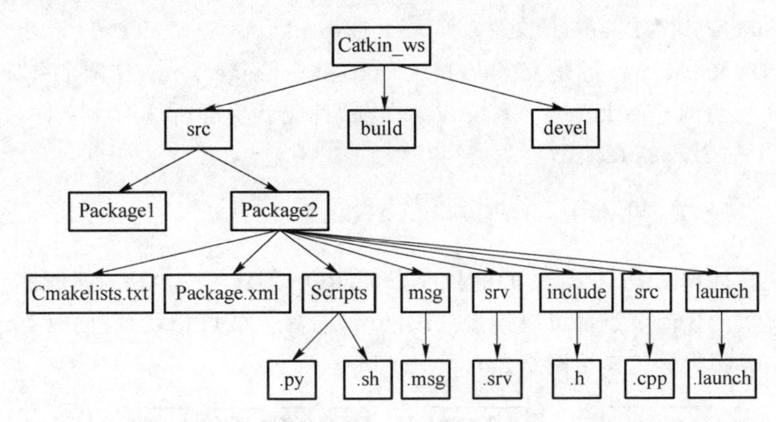

图 2.2　ROS 工程架构

首先,Catkin_ws 是工作空间,直观地形容就是一个仓库,里面装载着 ROS 的各种项目工程,便于系统组织管理调用。在可视化图形界面里是一个文件,用户自己写的 ROS 代码通常就放在工作空间中,catkin 的结构十分清晰,通过 tree 命令可以看到 catkin 工作空间的结构,它包括 src、build 、devel 三个路径,在有些编译选项下也可能包括其他。但这三个文件夹是 catkin 编译系统默认的,它们的具体作用如下。

① src/:ROS 的 catkin 软件包(源代码包)。

② build/: catkin(CMake)的缓存信息和中间文件。

③ devel/: 生成的目标文件(包括头文件、动态链接库、静态链接库、可执行文件等)、环境变量等。

创建好工作空间后,接着开始创建功能包(package),ROS 中的 package 不仅是 Linux 上的软件包,更是 catkin 编译的基本单元,用户调用 catkin_make 编译的对象就是一个个 ROS 的 package,也就是说任何 ROS 程序只有组织成 package 才能编译。一个 package 可以编译出来多个目标文件(ROS 可执行程序、动态静态库、头文件等),一个 package 下常见的文件和路径有:

① CMakeLists. txt: 定义 package 的包名、依赖、源文件、目标文件等编译规则,是 package 不可少的成分。

② package. xml: 描述 package 的包名、版本号、作者、依赖等信息,是 package 不可少的成分。

③ scripts/: 存放可执行脚本,例如,shell 脚本(. sh)、Python 脚本(. py)。

④ msg/: 存放自定义格式的消息(. msg)。

⑤ srv/: 存放自定义格式的服务(. srv)。

⑥ include/: 存放 C++源码对应的头文件。

⑦ src/: 存放 ROS 的源代码,包括 C++的源码和(. cpp)以及 Python 的 module(. py)。

⑧ launch/: 存放 launch 文件(. launch 或. xml)。

其中,定义 package 的是 CMakeLists. txt 和 package. xml ,这两个文件是 package 中必不可少的。catkin 编译系统在编译前,首先就要解析这两个文件,这两个文件就定义了一个 package。

2.1.2 计算图级

从 ROS 计算图级(见图 2. 3)的角度来看,ROS 创建了一个所有进程相互连接的网络,系统里的任何节点都可以连接到该网络,与其他节点相联系,同时查看它们发送的信息,并将数据传递给网络。

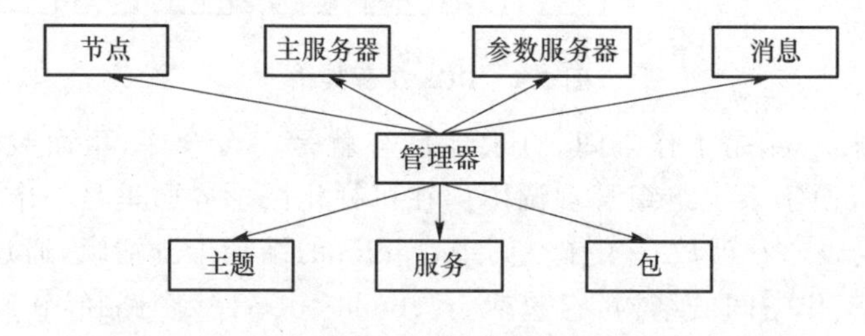

图 2.3 ROS 计算图级

ROS 计算图级的基本概念有节点(Nodes)、主服务器(Master)、参数服务器(Parameter server)、消息(Messages)、服务(Services)、主题(Topics)和包(Bags),这些都以不同的方式向图级提供数据。

① 节点:节点是进行计算的过程。一个系统一般由多个节点组成。节点也可以称为软件模块。如果用户想有一个进程与其他的节点进行交互,那么需要在该进程创建一个节点并将节点连接到 ROS 网络。可创建多个节点然后每个节点处理一个功能,而不要在系统里创建一个大的节点处理所有事情。节点是以一个 ROS 客户端类库编写的,例如 roscpp 或者 rospy。

② 管理器:为了统筹管理以上概念,系统当中需要有一个控制器有条不紊地执行所有节点,这就是 ROS 节点管理器(Master)通过过程调用(RPC)提供登记列表和对其他计算图表的查找功能,帮助 ROS 节点之间相互查找,建立连接,同时还为系统提供参数服务器,管理全局参数。ROS Master 就是一个管理者,没有它的话,节点将无法找到彼此,也无法交换消息或调用服务,整个系统将会瘫痪,由此可见其在 ROS 系统中的重要性。

③ 参数服务器:参数服务器能够使数据通过密钥存储在一个系统的核心位置,通过参数,就能够在运行时配置节点或改变节点的工作任务。

④ 消息:节点之间通过消息进行交流。消息包含发送消息给其他节点的数据。ROS 有很多类型的消息,还可以使用标准消息开发用户自己的消息类型。

⑤ 主题:每个消息必须有一个名称以便被 ROS 网络分发。当一个节点发送数据时,就说该节点正在发布一个主题。节点可以仅仅通过订阅主题就接收其他的节点的主题。一个节点可以订阅一个主题,而不需要任何其他节点同时发布该主题,这就保证了消息的发布者和订阅者之间相互解耦,完全无须知晓对方的存在。主题的名称是唯一的,否则在同名主题之间的消息路由就会发生错误。

⑥ 服务:用户发布主题是以一种多对多的方式发送数据的。但是当用户需要从一个节点获取请求和回答时,不能使用主题来进行。在这种情况下,服务能够允许用户直接与某个节点进行交互,此外,服务必须有一个独一无二的名字。当一个节点提供某一个服务时,所有的节点都可以通过使用 ROS 客户端库编写的代码与它通信。

⑦ 消息记录袋:消息记录袋是一种保存并且回放 ROS 消息数据的结构。它是一种重要的存储数据的结构,例如,传感器数据可能很难收集,但是对于开发和测试算法是很有必要的。当复杂的机器人工作时,将经常使用记录袋。

ROS 计算图级实例如图 2.4 所示,它展示了一个真实条件下的真实机器人的工作。在图中可看到节点和主题,节点订阅到主题等,该图并没有展现消息、记录袋、参数服务器和服务,使用其他工具看到它们的图形显示是必要的。用来创建图形的工具是 rqt_graph,此工具将在后续可视化和调试工具中介绍。

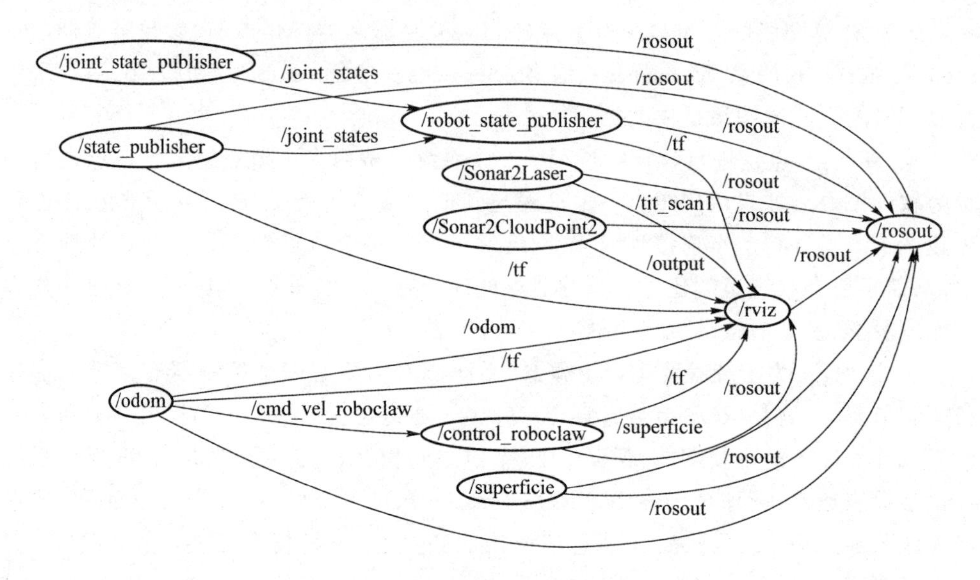

图 2.4　ROS 计算图级实例

2.1.3　社区级

ROS 社区级概念是 ROS 资源可以让不同的社区交换软件和知识。这些资源包括：

① 发行版(Distributions)：ROS 发行版扮演着一个类似于 Linux 分配号的角色，它们不仅使安装一个软件的集合更容易，而且它们横跨一组软件还保持稳定的版本。

② ROS 维基(ROS Wiki)：ROS Wiki 是记录关于 ROS 信息的主要论坛。任何人都可以注册账号，贡献他们自己的文档，提供校正或更新，编写教程等。

③ bug 登记系统：如果用户发现一个问题或想建议一种新的功能，ROS 则通过 bug 登记系统来实现它。

④ 邮件列表：ROS 用户邮件列表是关于 ROS 的主要交通渠道，能够像论坛一样交流，从 ROS 软件更新到 ROS 软件使用中的各种疑问或信息。

⑤ ROS 问答：用户可以使用这个资源在论坛问问题。

⑥ Blog：发布 ROS 社区中的消息、图片和视频等。

2.2　ROS 基本命令

ROS 系统中，代码分布在许多功能包和功能包集中，这些功能包和功能包集在用户的硬盘上分属在不同的文件夹，如果每次定位代码时，都要使用 LS 和 CD 这种命令，将非常烦琐。于是 ROS 提供了一系列以 ROS 为前缀的命令与工具(如

rosbash套件中的 roscd,rosls,roscp 等),许多命令其功能本质上与基本操作系统中常用的命令是一致的,但是它们在 ROS 环境下使用更加方便。下面介绍 ROS 中最常用的命令。

2.2.1 ROS 文件系统命令

1. rospack

rospack=ros+package,rospack 是提取文件系统上的功能包信息的命令工具,该工具执行很多打印功能包信息的命令,所有这些命令将结果输出到标准输出 stdout.

2. rosstack

rosstack=ros+stack,rosstack 是提取文件系统上的功能包集信息的命令工具,它可以执行一系列与功能包集相关的命令,如给出功能包集列表和功能包集的依赖项列表等。

3. roscd

roscd=ros+cd,roscd 可将路径改变到相应的功能包或者功能包集。

4. rosls

rosls=ros+ls,罗列相应的功能包、功能包集文件夹的命令,它是 rosbash 套件的一部分,可以通过名称来列表一个文件夹下的文件,而不是根据目录列表。

5. rosdep

rosdep 用于安装 ROS 功能包系统依赖文件。

6. rosmake

rosmake 用于创建和编译 ROS 功能包。

7. roswtf

roswtf 显示 ros 系统或者启动文件的错误或者警告信息。

2.2.2 ROS 核心命令

1. roscore

roscore 是在运行所有 ROS 程序前首先要运行的命令,此时 ROS master 启动,同时启动的还有 rosout 和 parameter server ,其中 rosout 是负责日志输出的一个节点,其作用是告知用户当前系统的状态,包括输出系统的 error 及 warning 等,并且将 log 记录于日志文件中;parameter server 即是参数服务器,它并不是一个 node,而是存储参数配置的一个服务器,后文会单独介绍。每一次运行 ROS 节点前,都需要把 master 启动起来,这样才能够让节点启动和注册。

2. rosrun

master之后，节点管理器就开始按照系统的安排协调启动具体的节点。节点就是一个进程，只不过在ROS中它被赋予了专用的名字里——node。一个package中存放着可执行文件，可执行文件是静态的，当系统执行这些可执行文件，将这些文件加载到内存中时，它就成为动态的node。具体启动node的指令是rosrun，它允许用户使用包名直接运行一个包内的节点（而不需要知道这个包的路径）。

3. rosnode

rosnode显示当前运行的ROS节点信息。rosnode list指令列出活跃的节点：rosnode list，表示当前只有一个节点在运行rosout。因为这个节点用于收集和记录节点调试输出信息，所以它总在运行。

4. roslaunch

机器人是一个系统工程，通常一个机器人运行操作时要开启很多个node，如何启动一个复杂的机器人系统呢？当然，用户并不需要每个节点依次进行rosrun，因为ROS为用户提供了一个命令能一次性启动master和多个node，该命令是：roslaunch pkg_name file_name.launch。

roslaunch命令首先会自动检测系统的roscore有没有运行，即确认节点管理器是否在运行状态中，如果master没有启动，那么roslaunch就会首先启动master，然后再按照launch的规则执行。launch文件里已经配置好了启动的规则，所以roslaunch就像是一个启动工具，能够一次性启动预先配置的多个节点，减少用户在终端中一条条输入指令的麻烦。

2.3 ROS基本工具

本节主要介绍ROS开发时常常使用的工具，分别是：Gazebo、RViz、rqt、rosbag、rosbridge、moveit!，这六个工具是人们开发常常用到的工具。Gazebo是一种最常用的ROS仿真工具，也是目前仿真ROS效果最好的工具；RViz是可视化工具，可将接收到的信息呈现出来；rqt则是非常好用的数据流可视化工具，有了它人们可以直观地看到消息的通信架构和流通路径；rosbag则是对软件包进行操作的一个命令，此外rosbag还提供代码API，对包进行操作编写；rosbridge是一个沟通ROS和外界的功能包；moveit！是截至目前应用最广泛的开源操作软件。

熟练使用这几款工具对ROS学习和开发都有极大的好处。

2.3.1 Gazebo仿真环境

1. 简　介

ROS中的工具就是帮助用户完成一系列的操作，使得人们的工作更加轻松和高效。ROS工具的功能有以下几点:仿真、调试、可视化。本小节要学习 Gazebo 实现仿真功能,而调试与可视化由 Rviz、rqt 来实现,后续内容再依次介绍。

2. 认识 Gazebo

Gazebo 是一个机器人仿真工具、模拟器,也是一个独立的开源机器人仿真平台。当今市面上还有其他的仿真工具,例如 V-Rep、Webots 等。Gazebo 不仅开源,也是兼容 ROS 最好的仿真工具。Gazebo 的功能很强大,最大的优点是对 ROS 的兼容性很好,因为 Gazebo 和 ROS 都由开源机器人组织(Open Source Robotics Foundation, OSRF)来维护,Gazebo 支持很多开源的物理引擎,比如最典型的 ODE,可以进行机器人的运动学、动力学仿真,能够模拟机器人常用的传感器(如激光雷达、摄像头、IMU 等),也可以加载自定义的环境和场景。

3. 仿真的意义

Gazebo 仿真不仅仅只是做出一个很酷的 3D 场景,更重要的是给机器人一个接近现实的虚拟物理环境,比如光照条件、物理距离等。设定好具体的参数,让机器人完成设定的目标任务。一些有危险的测试,可以让机器人在仿真的环境中完成,例如无人车在交通环境复杂的道路行驶,可以在仿真环境下测试各种情况下无人车的反应与效果,如车辆的性能、驾驶的策略、车流人流的行为模式等,又或者各种不可控因素如雨雪天气、突发事故、车辆故障等,从而收集结果参数、指标信息等。只有更大程度地逼近现实,才能得出车辆的真实效果,直到无人车在仿真条件下能做到万无一失,才能放心地投放真实环境中,这样既避免了危险因素对实验者的威胁,也节约了时间和资源,这就是仿真的意义。通常一些不依赖于具体硬件的算法和场景都可以在 Gazebo 上仿真,例如图像识别、传感器数据融合处理、路径规划、SLAM 等,大大减轻了对硬件的依赖。

2.3.2 Rviz 三维可视化平台

1. 简　介

本小节介绍 ROS 开发中的一个常用工具,基本上调试和开发都离不开这个工具——RViz(the Robit Visualization tool)机器人可视化工具,可视化的作用是直观的,它极大地方便了监控和调试等操作。

2. 演　示

打开新终端,输入 roslaunch robot_sim_demo robot_spawn_launch,之后在命令行打开新的终端直接输入 $ rviz,打开工具。和 Gazebo 一样,也会显示出一个 3D 环境,不过操作上有所不同,具体操作说明如下:

① 平移:按住鼠标滚轴,拖动鼠标,工作区就会平移。

② 旋转:单击鼠标左键并拖动,即可实现旋转。

③ 放缩:滑动鼠标滚轮,即可实现缩放功能。

左侧控制面板可以添加插件,RViz 的插件种类繁多、功能强大,非常适合开发调试 ROS 程序。

3. 差　异

虽然从界面上来看,RViz 和 Gazebo 非常相似,但实际上两者有着很大的不同,Gazebo 实现的是仿真,提供一个虚拟的世界;RViz 实现的是可视化,呈现接收到的信息。

4. 小　结

RViz 和 Gazebo 是常用的 ROS 工具,更好地利用这些工具是用户 ROS 进阶的基础。

2.3.3　rosbag 数据记录与回放

1. 简　介

rosbag 是一套用于记录和回放 ROS 主题的工具,旨在提高性能,并避免消息的反序列化和重新排序。rosbag package 提供了命令行工具和代码 API,可以用C++或者 python 语言来编写包。而且 rosbag 命令行工具和代码 API 是稳定的,始终保持向后的兼容性。

2. 命　令

rosbag 是用于存储 ROS 消息数据的文件格式,常见的指令如表 2.1 所列。

表 2.1　rosbag 指令列表

指　令	功　能
cheak	确定一个包是否可以在当前系统中进行,或者是否可以迁移
decompress	压缩一个或多个包文件
filter	解压一个或多个包文件
fix	在包文件中修复消息,以便在当前系统中播放
help	获取相关命令指示帮助信息
info	总结一个或多个包文件的内容
play	以一种时间同步的方式回放一个或多个包文件的内容
record	用指定主题的内容,记录一个包文件
reindex	重新索引一个或多个包文件

3. 小　结

rosbag 通过命令行能够对软件包进行很多操作,更重要的拥有代码 API,可以对包进行重新编写。增加一个 ROS API,可用于通过服务调用与播放和录制节点进行交互。

rqt 是一个基于 qt 开发的可视化工具,具有扩展性好、灵活易用、跨平台等特点,主要作用和 RViz 一致都是可视化,但是和 RViz 相比,rqt 要高一个层次。

2.3.4 QT 工具箱

1. 命　令

rqt_graph 用来显示通信架构,也就是上一章所讲的内容节点、主题等,当前有哪些 node 和 topic 在运行,消息的流向是怎样的,都能通过这个语句显示出来。此命令由于能显示系统的全貌,所以很常用。

rqt_plot 将一些参数,尤其是动态参数以曲线的形式绘制出来。当人们在开发时查看机器人的原始数据,就能利用 rqt_plot 将这些原始数据用曲线绘制出来,非常直观,利于用户分析数据。

rqt_console 里存在一些过滤器,用户可以利用它方便地查到需要的日志。

2. 实例测试

① 在新终端输入 roslaunch robot_sim_demo robot_spawn_launch。

② 在新终端输入命令语句 rqt_graph ,显示出当前环境下运行的 node 和 topic,可直观地看到通信结构以及消息流向。注意:椭圆形代表节点,矩形代表 topic。

③ 在新终端输入命令语句 rqt_plot ,显示出曲线坐标窗口,在上方输入框里添加或者删除 topic,比如查看速度,可以在框里设置好 topic 后,移动机器人,就可以看到自动绘制的线速度或者角速度曲线。

④ 在新终端输入命令语句 rqt_console,显示日志的输出,配合 rqt_logger_level 查看日志的级别。

3. 小　结

rqt_graph 的功能强大,它使得初学者可以直观地看到 ROS 的通信架构和信息流,方便理解的同时,也使得用户能够最快地纠错等。rqt_plot 绘制数据曲线图,也可极大地帮助用户了解数据的变化趋势,理解数据流的作用,用曲线来显示操作,精确直观。rqt_console 配合 rqt_logger_level 查看日志,对于查找错误和 DeBug 都有很大帮助。

2.3.5 TF 坐标变换

1. TF 简介

(Trans Form,TF)是 ROS 中的一个基本的也是很重要的概念。在现实生活中,人们的各种行为模式都可以在很短的时间内完成,比如拿起身边的物品,但是在机器人的世界里,则远远没有那么简单。观察 PR2 机器人(见图 2.5)来分析机器人拿起身边的物品需要做什么，而 TF 又起到什么样的作用。观察这个机器人，直观上不认为拿起物品会有什么难度，站在人类的立场上，人们也许会想到手向前伸，抓住，手收回，就完成了这一系列的动作，但是如今的机器人还没有这么智能，它能得到的只是各种传感器发送回来的数据，然后再处理各种数据进行操作，比如手臂弯曲 45°，再向前移动 20 cm 等十分精确的数据。尽管如此，机器人依然没法做到像人类一样自如地进行各种行为操作。那么在这个过程中，TF 又扮演着什么样的角色呢？还拿图 2.5 所示机器人来说，当机器人的“眼睛”获取一组关于物体坐标方位的数据，但是相对于机器人手臂来说，这个坐标只是相对于机器人头部的传感器，该传感器获取的数据并不直接适用于机器人手臂，那么物体相对于头部和手臂之间的坐标转换就是 TF。

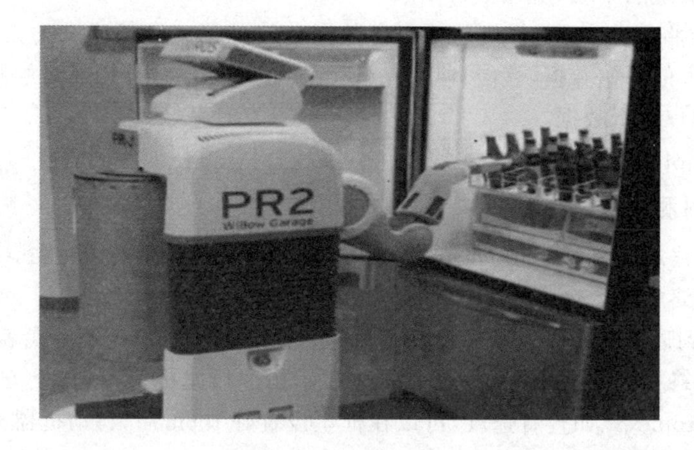

图 2.5　PR2 机器人

2. ROS 中的 TF

TF 的定义不是那么的死板，它可以被当作一种标准规范，这套标准定义了坐标转换的数据格式和数据结构，TF 本质是树状的数据结构，所以人们通常称之为 TF tree，TF 也可以看成是一个 topic：/tf，话题中的 message 保存的就是 TF tree 的数据结构格式，该数据结构格式维护了整个机器人的甚至是地图的坐标转换关系；TF 还可以看成是一个 package，它当中包含了很多工具，比如可视化、查看关节间的 TF、debug TF 等。TF 含有一部分的接口，就是前面章节介绍的 roscpp 和 rospy 里关于 TF 的 API，所以可以看成是话题转换的标准、工具、接口。

3. TF 消息

(1) TransformStamped.msg

在介绍 ROS 中的 TF 时已经初步认识了 TF 和 TF 树(TF tree)，了解了在每个 frame 之间都会有 broadcaster 来发布消息维系坐标转换，那么这个消息到底是什么样子的呢？这个消息是 TransformStampde.msg，它是处理两个 frame 之间一小段

TF 的数据格式。

(2) 格式规范

TransformStamped. msg 的格式规范如下：

```
std_mags/Header header
uint32 seq
time stamp
string frame_id
string child_frame_id
geometry_msgs/Transform transform
geometry_msgs/Vector3 translation
float64 x
float64 y
float64 z
geometry_msgs/Quaternion rotation
float64 x
float64 y
flaot64 z
float64 w
```

观察标准的格式规范，首先 header 定义了序号、时间以及 frame 的名称；接着写 child_frame，这两个 frame 之间要做哪种变换就由 geometry_msgs/Transform 来定义 。Vector3 三维向量表示平移，Quaternion 四元数表示旋转。图 2.6 所示的 TF 树中的两个 frame 之间的消息，就是由这种格式来定义的，odom 是 frame_id，baselink_footprint 是 child_frame_id。一般的，一个 topic 上面可能会有很多个 node 向上面发送消息 。如图 2.6 所示，不仅可以看到 odom、base link_footpoint 等 frame 向 tf 发送消息，还有其他的 frame 也在同样地向它发送消息。最终，许多的 Transform Stamped. msg 向 tf 发送消息，形成了 TF 树。

(3) TF 树的数据类型

TF 树由很多 frame 之间的 tf 拼接而成 。TF 树的类型如下：

① tf/tfMessage. msg。

② tf2_msgs/TFMessage. msg。

TF 树的数据类型有两种，主要是版本的迭代产生的。自 ROS Hydro 以来，tf 第一代已被弃用，转而支持 tf2。tf2 相比 tf 更加简单高效，此外也添加了一些新的功能。由于 tf2 是一个重大的变化，tf API 一直保持现有的形式 。因为 tf2 具有 tf 特性的超集和一部分依赖关系，所以 tf 实现已经被移除，并被引用到 tf2 下，这意味着所有用户都将与 tf2 兼容。使用命令 rostopic info /tf 即可查看自己使用的 tf 是哪一个版本。

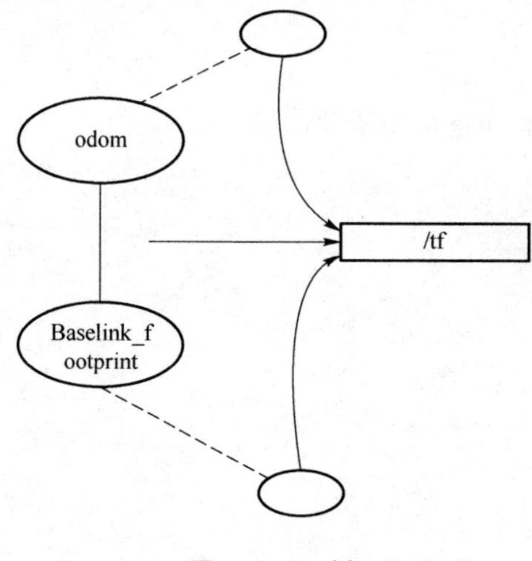

图 2.6　TF 树

(4) 格式定义

tf/tfMessage.msg 或 tf2_msgs/TFMessage 的标准格式规范如下：

```
geometry_msgs/TransformStamped[] transforms
std_msgs/Header header
uint32 seq
time stamp
string frame_id
string child_frame_id
geometry_msgs/Transform transform
geometry_msgs/Vector3 translation
float64 x
float64 y
float64 z
geometry_msgs/Quaternion rotation
float64 x
float64 y
flaot64 z
float64 w
```

由此可见，一个 TransformStamped 数组就是一个 TF 树。

2.4　第一个 ROS 例程

本书关于 ROS 的第一个例程从小乌龟例程开始，一方面可以验证 ROS 是否安装成功，另一方面也可以对 ROS 有一个初步认识。

2.4.1 turtlesim 功能包

在这个例程中，可以通过键盘控制一只小乌龟在界面移动，此时用户会接触到第一个 ROS 功能包——turtlesim。该功能包的核心是 turtlesim_node 节点，该节点提供一个可视化的乌龟仿真器，可以实现很多 ROS 基础功能的测试。如果已经安装了桌面安装程序，将有 turtlesim 包被预安装了；如果没有，可以使用如下命令安装。

```
$ sudo apt - get install ros - hydro - ros - tutorials
```

2.4.2 控制乌龟运动

在 Ubuntu 系统中打开三个终端，首先输入如下命令运行 ROS 的节点管理器——ROS Master，这是 ROS 必须运行的管理器节点。

```
$ roscore
```

其次，打开一个新终端，使用如下 rosrun 命令启动 turtlesim 仿真器节点。

```
$ rosrun turtlesim turtlesim_node
```

命令运行后出现一个可视化仿真器界面，如图 2.7 所示。

图 2.7　小乌龟仿真器的启动界面

最后需要打开 $ rosrun turtlesim turtle_teleop_key 键盘控制节点，运行键盘控制的节点如图 2.8 所示。

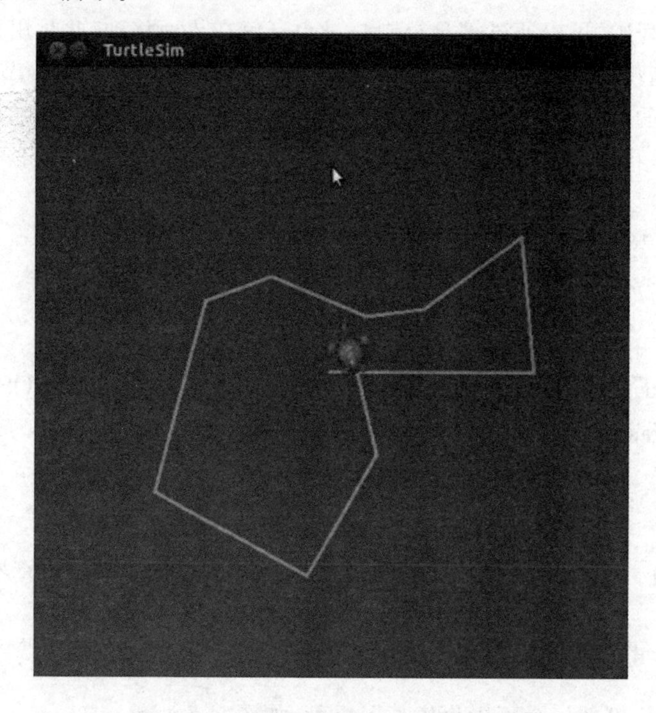

图 2.8 小乌龟在仿真器中的移动轨迹

运行该节点后就可以使用箭头按键移动小乌龟，小乌龟就可以按照控制的方向开始移动了，而且在小乌龟的尾部会显示移动轨迹。

现在你可能有疑问，仿真界面为什么是一只小乌龟？ROS 不是机器人操作系统吗，控制一只小乌龟能有什么意义？小乌龟为什么会移动呢？这个例程背后有什么含义？带着这些疑问，下面开始 ROS 世界的探索实践吧！这个看似简单的小乌龟例程，其实蕴含着 ROS 最基础的原理和机制。

2.5 创建工作空间及功能包

使用 ROS 实现机器人开发的主要手段当然是写代码，那么这些代码文件就需要放置到一个固定的工作空间内，也就是工作空间。

2.5.1 什么是工作空间

工作空间(Work Space)是一个存放工程开发相关文件的文件夹。Fuerte 版本之后的 ROS 默认使用的是 Catkin 编译系统，一个典型 Catkin 编译系统下的工作空间结构如图 2.9 所示。

典型的工作空间一般包括以下四个目录空间。

① src：代码空间(Source Space)，开发过程中最常用的文件夹，用来存储所有ROS功能包的源码文件。

② Build：编译空间(Build Space)，用来存储工作空间编译过程中产生的缓冲信息和中间文件。

③ devel：开发空间(Development Space)，用来放置编译生成的可执行文件。

④ Installl：安装空间(Install Space)，可以在终端中运行这些可执行文件，安装空间并不是必需的，很多工作空间中可能并没有该文件夹。

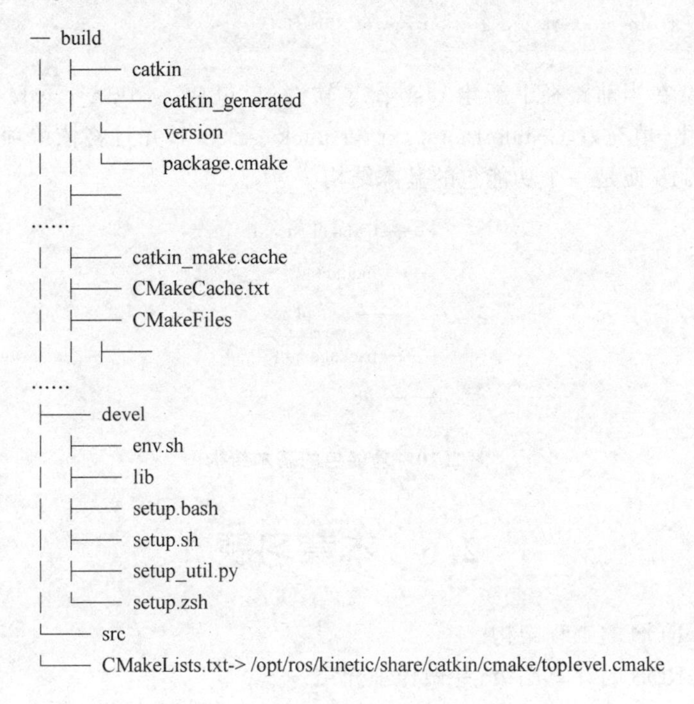

— build
│ ├── catkin
│ │ └── catkin_generated
│ │ └── version
│ │ └── package.cmake
│ ├──
......
│ ├── catkin_make.cache
│ ├── CMakeCache.txt
│ ├── CMakeFiles
│ │ ├──
......
├── devel
│ ├── env.sh
│ ├── lib
│ ├── setup.bash
│ ├── setup.sh
│ ├── setup_util.py
│ └── setup.zsh
└── src
└── CMakeLists.txt-> /opt/ros/kinetic/share/catkin/cmake/toplevel.cmake

图 2.9 ROS 工作空间的典型结构

2.5.2 创建工作空间

创建工作空间仅需三条指令即可完成。首先使用 mkdir 命令创建 catkin_ws 工作空间，然后使用 cd 命令切换到工作空间，最后使用 catkin_make 命令编译。

```
$ mkdir -p ~/catkin_ws/src
$ cd  ~/catkin_ws/
$ catkin_make #初始化工作空间编译过程中，在工作空间的根目录
```

2.5.3 创建功能包

创建功能包需要在 catkin_ws/src 下，用到 catkin_create_pkg 命令，用法是：

```
catkin_create_pkg package depends
```

其中，package 是包名，depends 是依赖的包名，可以依赖多个软件包。例如，新建一个 package，叫作 test_pkg，依赖 roscpp、rospy、std_msgs（常用依赖）。

```
$ catkin_create_pkg test_pkg roscpp rospy std_msgs
```

这样就会在当前路径下新建 test_pkg 软件包，包括：catkin_create_pkg 完成软件包的初始化，填充好 CMakeLists. txt 和 package. xml，并且将依赖项填进这两个文件中，图 2.10 便是一个功能包的基本结构。

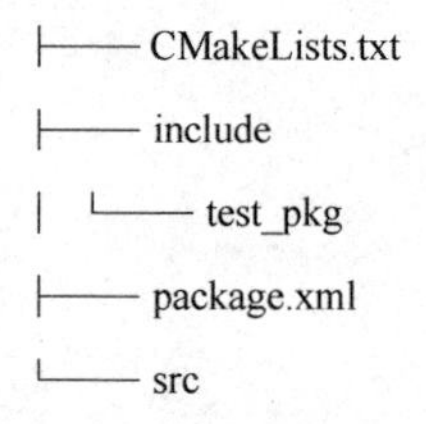

图 2.10 功能包的基本结构

2.6 本章习题

1. 简述 ROS 的工程架构。
2. 画出 ROS 的计算图级，并做详细介绍。
3. 详细介绍 ROS 的核心命令及基本工具。
4. 画出 ROS 工作空间的典型结构及功能包的典型结构。
5. 目前 ROS 主流的编译系统是什么？
6. CMake 文件编写规则中，用于将库文件链接到目标文件的是哪条指令？
7. 一个 ROS 的 pacakge 要正常的编译，必须要有哪些文件？
8. 试着创建一个机器人 URDF 模型，并在 RViz 中显示，要求：

① 创建一个名为 robot_description 的功能包文件，并在此包内完成机器人建模。

② 此机器人车体为长方体，两个左右轮及两个支撑轮为圆柱体，相机为长方体，尺寸颜色不限。

第3章 ROS通信架构

3.1 话题通信

ROS的通信方式是ROS最为核心的概念，ROS系统的精髓就在于它所提供的通信架构。ROS的通信方式有四种：Topic主题；Service服务；Parameter Service参数服务器；Actionlib动作库。

3.1.1 topic简介

topic是常用的一种ROS通信方式。对于实时性、周期性的消息，使用topic来传输是最佳的选择。topic是一种点对点的单向通信方式，这里的“点”指的是node，也就是说node之间可以通过topic方式来传递信息。topic要经历以下初始化过程：首先，publisher节点和subscriber节点都要到节点管理器进行注册，然后publisher会发布topic，subscriber在master的指挥下会订阅该topic，从而建立sub—pub之间的通信。注意：整个过程是单向的，topic结构示意图如图3.1所示。

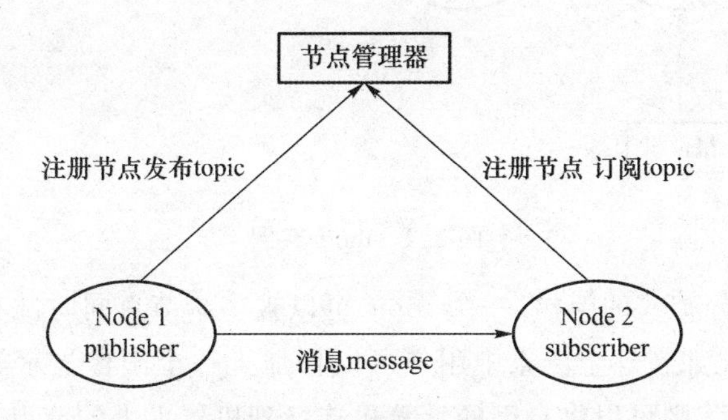

图3.1 topic结构示意图

Subscriber会处理收到的消息，一般这个过程叫作回调(Callback)。所谓回调就是提前定义好了一个处理函数(写在代码中)，当有消息来就会触发这个处理函数，函数会对消息进行处理。图3.1也是ROS的topic通信方式的流程示意图。topic通信属于异步通信方式。下面通过一个示例来了解如何使用topic通信。

3.1.2 工作原理

参照图 3.2,以摄像头画面的发布、处理、显示为例来讲解 topic 通信的流程。机器人上的摄像头拍摄程序是一个 node(圆圈表示,记作 node1),当 node1 运行启动之后,它作为一个 Publisher 就开始发布 topic,比如发布了一个 topic(方框表示),叫作/camera_rgb,是 rgb 颜色信息,即采集到的彩色图像。同时,假如 node2 是图像处理程序,它订阅了/camera_rgb 这个 topic,经过节点管理器的介绍,它就能建立和摄像头节点(node1)的连接。那么怎样来理解异步这个概念呢?在 node1 每发布一次消息之后,就会继续执行下一个动作,至于消息是什么状态、被怎样处理,它不需要了解;而对于 node2 图像处理程序,只管接收和处理 /camera_rgb 上的消息,至于是谁发来的,它不会关心。所以 node1、node2 两者都是各司其职,不存在协同工作,人们称这样的通信方式是异步的。

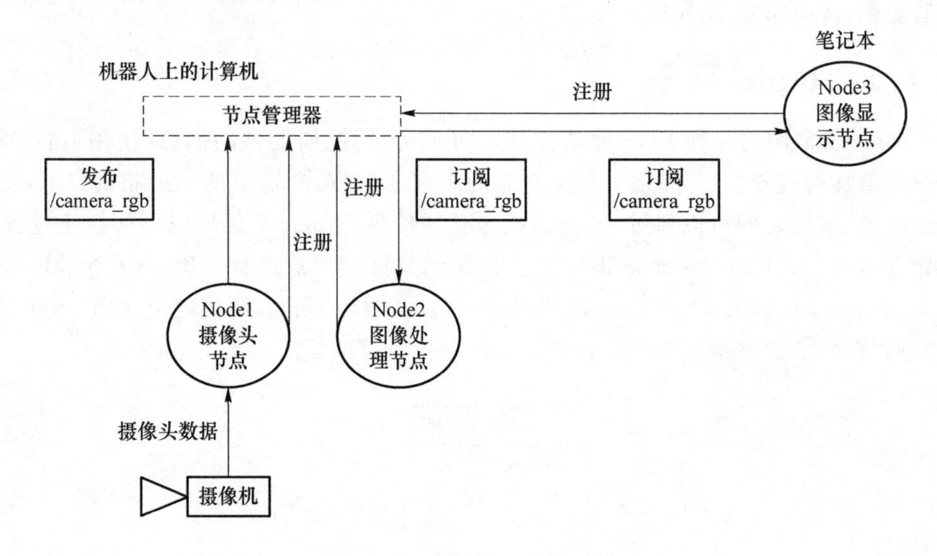

图 3.2 topic 实例

ROS 是一种分布式的架构,一个 topic 可以被多个节点同时发布,也可以同时被多个节点接收。比如在这个场景中用户可以再加入一个图像显示的节点,如果想看摄像头节点的画面,则可以将自己的计算机连接到机器人上的节点管理器,然后在自己的计算机上启动图像显示节点即可。这就体现了分布式系统通信的好处:扩展性好、软件复用率高。

总结三点:

① topic 通信方式是异步的,发送时调用 publish()方法,发送完成立即返回,不用等待反馈。

② subscriber 通过回调函数的方式来处理消息。

③ topic 可以同时有多个 subscribers，也可以同时有多个 publishers。ROS 中这样的例子有：/rosout、/tf 等。

3.1.3 操作命令

在实际应用中，应该熟悉 topic 的几种使用命令，表 3.1 详细地列出了各自的命令及其作用。

表 3.1 topic 命令

命 令	作 用
rostopic list	列出当前所有的 topic
rostopic info topic_name	显示某个 topic 的属性消息
rostopic echo topic_name	显示某个 topic 的内容
rostopic pub topic_name . . .	向某个 topic 发布内容
rostopic bw topic_name	查看某个 topic 的宽带
rostopic hz topic_name	查看某个 topic 的频率
rostopic find topic_type	查找某个类型的 topic
rostopic type topic_name	查看某个 topic 的类型(msg)

3.1.4 应用实例

Publisher 和 Subscriber 是 ROS 系统中最基本、最常用的通信方式，接下来以经典的 Hello World 为例，一起学习如何创建 Publisher 和 Subscriber，话题编程流程如下：

① 创建发布者 Publisher；

② 创建订阅者 Subscriber；

③ 添加编译选项；

④ 运行可执行程序。

1. 创建 talker. cpp

Publisher 的主要作用是针对指定话题发布特定数据类型的消息。下面尝试使用代码实现一个节点，节点中创建一个 Publisher，并发布 Hello World。源码 talker. cpp 的详细内容如下：

```
#include <sstream>
#include "ros/ros.h"
#include "std msgs/String.h"
int main(int argc, char **argv)
{
```

```
// ROS 节点初始化
ros::init(argc, argv, "talker");
//创建节点句柄
ros::NodeHandle n;
//创建一个 Publisher,发布名为 chatter 的 topic,消息类型为 std_msgs::String ros::Publisher
chatter pub = n.advertise<std_msgs::String>("chatter", 1000);
//设置循环的频率
ros::Rate loop rate(IO);
int count = 0;
while (ros::ok())
{
//初始化 std_msgs::String 类型的消息
std_msgs::String msg;
std::stringstream ss;
ss << "hello world " << count;
msg.data = ss.str();
//发布消息
ROS_INFO(" % s",msg.data.c_str());
chatterpub.publish(msg);
//循环等待回调函数
ros::spinOnce()
//按照循环频率延时
loop_rate.sleep();
+ +count;
}
return 0;
}
```

以上详细讲解了一个 Publisher 节点的实现过程,下面总结实现步骤:

① 初始化 ROS 节点;

② 向 ROS Master 注册节点信,包括发布的话题名和话题中的消息类型;

③ 按照一定频率循环发布消息。

2. 创建 listener. cpp

尝试创建一个 Subscriber 以订阅 Publisher 节点发布的 Hello World 字符串。实现源码 listener. cpp 的详细内容如下:

```
#include "ros/ros.h"
#include "std msgs/String.h"
//接收订阅的消息后,进入消息回调函数
void chatterCallback(const std_msgs::String::ConstPtr& msg) !
//将接收的消息打印出来
ROS_INFO("I heard: [ % s]", msg->data.c_str());
int main(int argc, char * * argv)
```

```
{
//初始化 ROS 节点
ros::init(argc, argv, "listener");
//创建节点句柄
ros::NodeHandle n;
//创建一个 Subscriber,订阅名为 chatter 的 topic,注册回调函数 chatterCallback ros::Subscriber
sub = n.subscribe("chatter", 1000, chatterCallback);
//循环等待回调函数
ros::spin();
return 0;

}
```

根据以上订阅节点的代码实现,总结实现 Subscriber 的简要流程:

① 初始化 ROS 节点;

② 订阅需要的话题;

③ 循环等待话题消息,接收到消息后进入回调函数;

④ 在回调函数中完成消息处理。

3. 修改 Cmakelists. txt 配置文件

① 设置需要编译的代码和生成的可执行文件;

② 设置链接库;

③ 设置依赖,如下:

```
add_executable(talker src/talker.cpp)
target_link _libraries(talker ${catkin_LIBRARIES})
# add_dependencies(talker ${PROJECT NAME}_generate_messages_cpp)
```

```
add_executable(listener src/listener.cpp)
target_link _libraries(listener ${catkin_LIBRARIES})
# add_dependencies(talker ${PROJECT_NAME}_generate_messages_cpp)
```

4. 编　译

切换到工作空间下进行编译。

```
$ cd~/catkin_ws/
$ catkin_make
```

5. 运行结果

运行结果如图 3.3 所示。

```
robot@ZHAOYANG-E53-80:~$ rosrun learning_communication talker
[ INFO] [1652408463.185958365]: hello world 0
[ INFO] [1652408463.286164187]: hello world 1
[ INFO] [1652408463.386191977]: hello world 2
[ INFO] [1652408463.486342040]: hello world 3
[ INFO] [1652408463.586365747]: hello world 4
[ INFO] [1652408463.686402437]: hello world 5
[ INFO] [1652408463.786368491]: hello world 6
[ INFO] [1652408463.886367303]: hello world 7
[ INFO] [1652408463.986376784]: hello world 8
[ INFO] [1652408464.086340344]: hello world 9
[ INFO] [1652408464.186352798]: hello world 10
[ INFO] [1652408464.286273232]: hello world 11
[ INFO] [1652408464.386248211]: hello world 12
[ INFO] [1652408464.486178018]: hello world 13
[ INFO] [1652408464.586380542]: hello world 14
[ INFO] [1652408464.686371146]: hello world 15
```

(a) rosrun learning_communication talker

```
robot@ZHAOYANG-E53-80:~$ rosrun learning_communication listener
[ INFO] [1652408504.887463336]: I heard: [hello world 417]
[ INFO] [1652408504.987120766]: I heard: [hello world 418]
[ INFO] [1652408505.087210473]: I heard: [hello world 419]
[ INFO] [1652408505.187137613]: I heard: [hello world 420]
[ INFO] [1652408505.286988877]: I heard: [hello world 421]
[ INFO] [1652408505.387121113]: I heard: [hello world 422]
[ INFO] [1652408505.487104925]: I heard: [hello world 423]
[ INFO] [1652408505.587181332]: I heard: [hello world 424]
[ INFO] [1652408505.687217533]: I heard: [hello world 425]
[ INFO] [1652408505.787203705]: I heard: [hello world 426]
[ INFO] [1652408505.887216142]: I heard: [hello world 427]
[ INFO] [1652408505.987210539]: I heard: [hello world 428]
[ INFO] [1652408506.087171915]: I heard: [hello world 429]
[ INFO] [1652408506.187259905]: I heard: [hello world 430]
[ INFO] [1652408506.287200333]: I heard: [hello world 431]
[ INFO] [1652408506.387288398]: I heard: [hello world 432]
[ INFO] [1652408506.487242779]: I heard: [hello world 433]
[ INFO] [1652408506.587187511]: I heard: [hello world 434]
```

(b) rosrun learning_communication listener

图 3.3　运行结果

3.2　Message

3.2.1　简　介

topic 有很严格的格式要求，Message 按照定义解释就是 topic 内容的数据类型，也称之为 topic 的格式标准。这里和人们平常用到的 Massage 直观概念有所不同，这里的 Message 不单指一条发布或者订阅的消息，也指 topic 的格式标准。

3.2.2　结构与类型

基本的 msg 包括 bool、int8、int16、int32、int64(以及 uint)、float、float64、string、time、duration、header、可变长数组 array[]、固定长度数组 array[C]。那么具体的一个 msg 是怎么组成的呢？下面用一个具体的 msg 来了解，例如 sensor_msgs/msg/image.msg，它的结构如下：

```
std_msg/Header header
uint32 seq
time stamp
```

```
string frame_id
uint32 height
uint32 width
string encoding
uint8 is_bigendian
uint32 step
uint8[ ] data
```

观察上面 msg 的定义，是不是类似 C 语言中的结构体呢？即通过具体定义图像的宽度、高度等来规范图像的格式。所以这就解释了 Message 不仅仅是人们平时理解的一条一条的消息，而且还是 ROS 中 topic 的格式规范。或者可以理解 msg 是一个“类”，那么用户每次发布的内容可以理解为“对象”，这么对比来理解可能更加容易。实际中，通常不会把 Message 概念分得那么清，通常说 Message 既指类，也指它的对象，而 msg 文件则相当于类的定义。

3.2.3 操作命令

rosmsg 的命令相比 topic 就比较少了，只有两个，如表 3.2 所列。

表 3.2 rosmsg 命令

rosmsg 命令	作 用
rosmsg list	列出系统上所有的 msg
rosmsg show msg_name	显示某个 msg 的内容

3.2.4 常见 Message

本小节主要介绍常见的 Message 类型，包括 std_msgs，sensor_msgs，nav_msgs，geometry_msgs 等，下面介绍一个 geometry_msgs 的例子。

```
Vector3.msg
#文件位置:geometry_msgs/Vector3.msg
float64 x
float64 y
float64 z
Accel.msg
#定义加速度项，包括线性加速度和角加速度
#文件位置:geometry_msgs/Accel.msg
Vector3 linear
Vector3 angular
Header.msg
#定义数据的参考时间和参考坐标
#文件位置:std_msgs/Header.msg
```

```
uint32 seq #数据 ID
time stamp #数据时间戳
string frame_id #数据的参考坐标系
Echos.msg
#定义超声传感器
#文件位置:自定义 msg 文件
Header header
uint16 front_left
uint16 front_center
uint16 front_right
uint16 rear_left
uint16 rear_center
uint16 rear_right
LaserScan.msg
#平面内的激光测距扫描数据,注意此消息类型仅仅适配激光测距设备
#如果有其他类型的测距设备(如声呐),需要另外创建不同类型的消息
#位置:sensor_msgs/LaserScan.msg
Header header #时间戳为接收到第一束激光的时间
float32 angle_min #扫描开始时的角度(单位为 rad)
float32 angle_max #扫描结束时的角度(单位为 rad)
float32 angle_increment #两次测量之间的角度增量(单位为 rad)
float32 time_increment #两次测量之间的时间增量(单位为 s)
float32 scan_time #两次扫描之间的时间间隔(单位为 s)
float32 range_min #距离最小值(m)
float32 range_max #距离最大值(m)
float32[] ranges #测距数据(m,如果数据不在最小数据和最大数据之间,则抛弃)
float32[] intensities #强度,具体单位由测量设备确定,如果仪器没有强度测量,则数组为空即可
Point.msg
#空间中的点的位置
#文件位置:geometry_msgs/Point.msg
float64 x
float64 y
float64 z

Pose.msg
#消息定义自由空间中的位姿信息,包括位置和指向信息
#文件位置:geometry_msgs/Pose.msg
Point position
Quaternion orientation
PoseStamped.msg
#定义有时空基准的位姿
#文件位置:geometry_msgs/PoseStamped.msg
Header header
Pose pose
PoseWithCovariance.msg
#表示空间中含有不确定性的位姿信息
```

```
# 文件位置:geometry_msgs/PoseWithCovariance.msg
Pose pose
float64[36] covariance

Power.msg
# 表示电源状态是否开启
# 文件位置:自定义 msg 文件
Header header
bool power
########################
bool ON = 1
bool OFF = 0

Twist.msg
# 定义空间中物体运动的线速度和角速度
# 文件位置:geometry_msgs/Twist.msg
Vector3 linear
Vector3 angular
Odometry.msg
# 消息描述了自由空间中位置和速度的估计值
# 文件位置:nav_msgs/Odometry.msg
Header header
string child_frame_id
PoseWithCovariance pose
TwistWithCovariance twist
```

3.2.5 创建消息

1. 创建 msg 目录

在工作空间的 learning_communication 中创建 msg 目录，来存放要创建的 msg 文件。

2. 创建 person.msg

在创建的 msg 文件夹中创建消息文件 person.msg，代码如下：

```
string name
uint8 sex
uint8 age
uint8 unknown = 0
uint8 male = 1
uint8 female = 2
```

3. 修改配置文件

修改配置文件，代码如下：

```
>在 package.xml 中添加功能包依赖
    <build_export_depend>message_generation</build_export_depend> <exec_depend>message_runtime</exec_depend>
    >在 CMakeLists.txt 中添加编译选项
    find_package( .........message_generation)
    add_message_files(FILES Person.msg)
    generate_messages(DEPENDENCIES std_msgs)
    catkin_package(.........message_runtime)
```

4. 编　译

切换到工作空间下进行编译。

3.3 服务通信

3.3.1 service 简介

第 2 章介绍了 ROS 通信方式中的 topic(主题)通信,知道了 topic 是 ROS 中的一种单向的异步通信方式。然而有些时候单向的通信满足不了通信要求,比如当一些节点只是临时而非周期性的需要某些数据时,如果用 topic 通信方式就会消耗大量不必要的系统资源,造成系统的低效率和高功耗。这种情况下,就需要有另外一种请求——查询式的通信模型。本节介绍 ROS 通信中的另一种通信方式——service(服务)。

3.3.2 工作原理

为了解决以上问题,service 方式在通信模型上与 topic 做了区别。service 通信是双向的,它不仅可以发送消息,同时还会有反馈。所以 service 包括两部分,一部分是请求方(clinet),另一部分是应答方/服务提供方(server)。请求方(client)会发送一个 request,要等待 server 处理,反馈一个 reply,这样通过类似“请求—应答”的机制完成整个服务通信。

service 通信方式如图 3.4 所示。

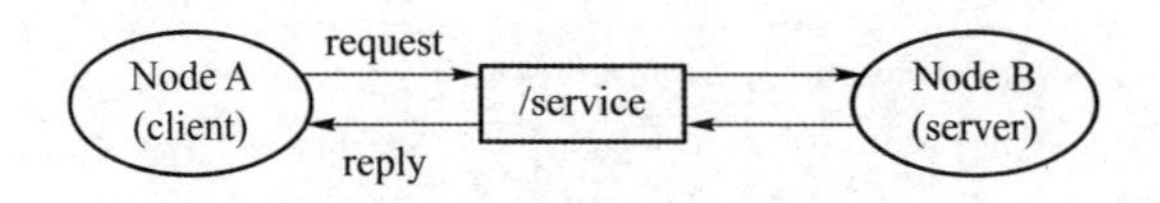

图 3.4　service 通信示意图

Node B 是 server(应答方),提供了一个服务的接口,叫作/service,一般都会用 string 类型来指定 service 的名称,类似于 topic。Node A 向 Node B 发起请求,经过处理后得到反馈 service 是同步通信方式。所谓同步,就是说此时 Node A 发布请求后会在原地等待 reply,直到 Node B 处理完了请求并且完成了 reply,Node A 才会继续执行。

在 Node A 等待过程中,是处于阻塞的通信状态。这样的通信模型没有频繁的消息传递,没有冲突与高系统资源的占用,只有接受请求才执行服务,简单而且高效。

3.3.3 topic 与 service 的对比

对比 topic 和 service 这两种最常用的通信方式(见表 3.3),以加深对两者的理解和认识。

表 3.3 topic VS service

名 称	topic	service
通信方式	异步通信	同步通信
实现原理	TCP/IP	TCP/IP
通信模型	publish - subscribe	request - reply
映射关系	publish - subscribe(多对多)	request - reply(多对一)
特点	接受者收到的数据会回调(Callback)	远程过程调用(RPC)服务器端的服务
应用场景	连续、高频的数据发布	偶尔使用的功能、具体的任务
举例	激光雷达、里程计发布数据	开关传感器、拍照、逆解运算

3.3.4 操作命令

rosservice 命令见表 3.4。

表 3.4 rosservice 命令

rosservice 命令	作 用
rosservice list	显示服务列表
rosservice info	打印服务信息
rosservice type	打印服务类型
rosservice uri	打印服输务 ROSRPC uri
rosservice find	按服务类型查找服务
rosservice call	使用所提供的 args 调用服务
rosservice args	打印服务参数

3.3.5 创建服务

1. 创建 srv 目录

在工作空间的 learning_communication 中创建 srv 目录来存放要创建的 srv 文件。

2. 创建 AddTwoInts. srv

在创建的 srv 文件夹中创建消息文件 AddTwoInts. srv,代码如下:

```
int64 a
int64 b

---
int64 sum
```

3. 修改配置文件

① 在 package. xml 中添加功能包依赖：

```
<build_export_depend>message_generation</build_export_depend> <exec_depend>message_runtime</exec_depend>
```

② 在 CMakeLists. txt 中添加编译选项：

```
find_package( ..........message_generation)
add_service_files(FILES AddTwoInts.srv)
generate_messages(DEPENDENCIES  std_msgs)
catkin_package(..........message_runtime)
```

4. 编　译

使用 catkin_make(在工作空间下)进行编译。

3.3.6　应用实例

1. 创建 server. cpp

首先创建 server 节点，提供加法运算的功能，返回求和之后的结果。实现该节点的源码文件为 server. cpp：

```
#include "ros/ros.h"
#include "learning_communication/AddTwoInts.h"|
//service 回调函数，输入参数 req，输出参数 res bool add(learning_communication::AddTwolnts::Request &req, learning_communication::AddTwolnts::Response &res)
  {
//将输入参数中的请求数据相加，结果放到应答变量中
res.sum = req.a + req.b;
ROS_INFO(“ request: x= %ld, y= %ld”, (long int)req.a, (long int)req.b);
ROS_INFO(“sending back response: [%ld]”, (long int)res.sum); return true;
}

int main(int argc, char **argv)
{
// ROS 节点初始化
ros::init(argc, argv, “add_two_ints_server”);
//创建节点句柄---
ros::NodeHandle n;
```

```
    //创建个名为 add_two_ints 的 server,注册回调函数 add()
    ros::ServiceServer service = n.advertiseServiceC'add two ints", add);
    //循环等待回调函数
    ROS_INFO("Ready to add two ints.u);
    ros::spin( );
return 0;
    }
```

在完成加法运算后,求和结果会放到应答数据中,并反馈给 client ,回调函数返回 true。服务中的 server 类似于话题中的 subscribe,实现流程如下:

① 初始化 ROS 节点;

② 创建 Server 实例;

③ 循环等待服务请求,进入回调函数;

④ 在回调函数中完成服务功能的处理,并反馈应答数据。

2. 创建 client. cpp

创建 client 节点,通过终端输入的两个加数发布服务请求,等待应答结果。该节点实现 client. cpp 的内容如下:

```
#include "ros/ros.h"
#include "learning communication/AddTwolnts.h"
int main(int argc, char **argv)
{
// ROS 节点初始化
ros::init(argc, argv, "add _two_ints client ");
//从终端命令行获取两个加数
if (argc != 3)
{
ROS_INFO("usage:add _two_ints client  X Y");
return 1;
}
//创建节点句柄
ros::NodeHandle n;
//创建一个 client,请求 add _two_ints service, service 消息类型是:learning_communication::AddTwolnts
ros::ServiceClient client = n.serviceClient<learning_communication::AddTwolnts>(',add_two_ints");
//创建 learning_communication::AddTwolnts 类型的 service 消息
learning_communication::AddTwoInts srv;
srv.request.a = atoll(argv[1]);
srv.request.b = atoll(argv[2]);
//发布 service 请求,等待加法运算的应答结果
if (client.call(srv))
{
ROS_INFO("Sum: %ld", (long int)srv.response.sum);
}
else
```

```
{
ROS_ERROR('Failed to call service add _two_ints");
return 1;
return 0;
}
```

服务中的 client 类似于话题中的 publisher，实现流程如下：

① 初始化 ROS 节点；

② 创建一个 Client 实例；

③ 发布服务请求数据；

④ 等待 Server 处理之后的应答结果。

3. 修改 Cmakelists. txt 配置文件

编辑 Cmakelists. txt 文件，加入如下编译规则：

```
add_executable(server src/server.cpp)
target_link_libraries(server ${catkin_LIBRARIES})
add_dependencies(server ${PROJECT_NAME}_gencpp)
add_executable(client src/client.cpp)
target_link_libraries(client ${catkin_LIBRARIES})
add_dependencies(client $(PROJECT_NAME}_gencpp)
```

4. 编　译

使用 catkin_make（在工作空间下）进行编译。

5. 运行结果

运行结果如图 3.5 所示。

```
→  ~ rosrun learning_communication server
[ INFO] [1507649760.914978873]: Ready to add two ints.
```

(a) Server节点启动后的日志信息

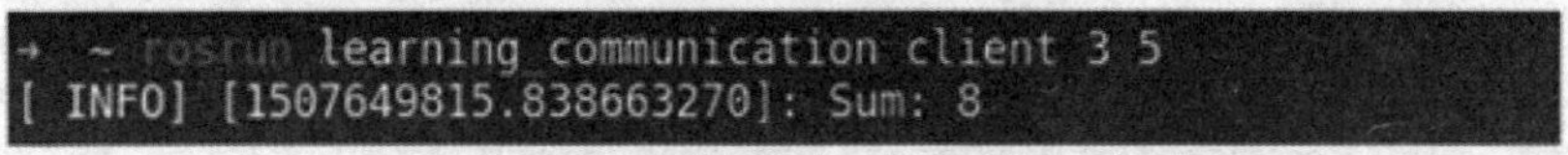

```
→  ~ rosrun learning_communication client 3 5
[ INFO] [1507649815.838663270]: Sum: 8
```

(b) Client启动后发布服务请求，并成功接收反馈结果

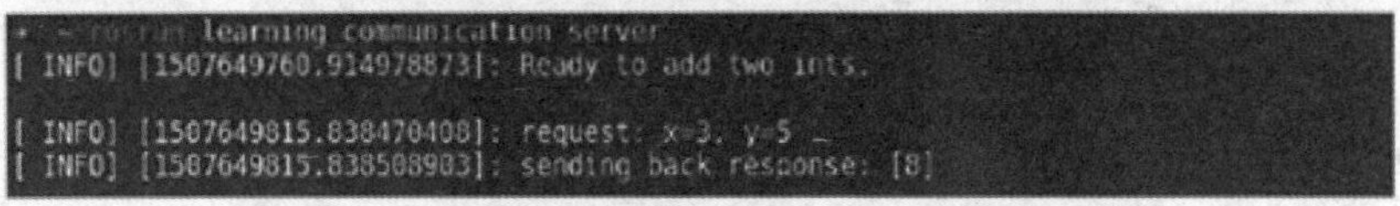

```
→  ~ rosrun learning_communication server
[ INFO] [1507649760.914978873]: Ready to add two ints.

[ INFO] [1507649815.838470408]: request: x=3, y=5
[ INFO] [1507649815.838508903]: sending back response: [8]
```

(c) Server收到服务调用后完成加法求解，并将结果反馈给Clinet

图 3.5　运行结果

3.4 Parameter server

前面介绍了 ROS 中常见的两种通信方式——主题和服务,这节介绍另外一种通信方式——参数服务器(parameter server)。与前两种通信方式不同,参数服务器也可以说是特殊的通信方式,特殊点在于参数服务器是节点存储参数的地方,用于配置参数、全局共享参数。

参数服务器使用互联网传输,在节点管理器中运行,实现整个通信过程。参数服务器作为 ROS 中另外一种数据传输方式,有别于 topic 和 service,它更加静态。参数服务器维护着一个数据字典,字典里存储着各种参数和配置。

1. 字典简介

字典其实就是一个个的键值对,小时候学习语文时,常常都会有一本字典,当遇到不认识的字时可以通过查部首找到这个字,获取这个字的读音、意义等,而这里的字典可以对比理解记忆。键值 key 可以理解为语文里的"部首",每一个 key 都是唯一的。

每一个 key 不重复,且每一个 key 对应着一个 value(见表 3.5)。也可以说字典就是一种映射关系,在实际的项目应用中,因为字典的这种静态的映射特点,往往将一些不常用的参数和配置放入参数服务器中的字典里,这样对这些数据进行读写都将方便、高效。

表 3.5 key 的种类

key	/rosdistro	/rosversion	/use_sim_time	…
value	'kinetic'	'1.12.7'	true	…

2. 命令行维护

使用命令行维护参数服务器时,主要使用 rosparam 命令操作的各种命令,rosparam 命令见表 3.6。

表 3.6 rosparam 命令

rosparam 命令	作 用
rosparam set param_key param_value	设置参数
rosparam get param_key	显示参数
rosparam load file_name	从文件加载参数
rosparam dump file_name	保存参数到文件
rosparam delete	删除参数
rosparam list	列出参数名称

3.5 Action

3.5.1 简　介

Actionlib 是 ROS 中一个很重要的库，类似 service 通信机制。Actionlib 也是一种请求响应机制的通信方式，主要弥补了 service 通信的一个不足，即当机器人执行一个长时间的任务时，假如利用 service 通信方式，那么 publisher 会很长时间接收不到反馈的 reply，致使通信受阻，而 Actionlib 则可以实现长时间的通信过程，Actionlib 通信过程可以随时被查看，也可以终止请求，这样的特性使得它在一些特别的机制中具有很高的工作效率。

3.5.2 通信原理

Action 的工作原理是 client - server 模式，也是一个双向的通信模式。通信双方在 ROS Action Protocol 下通过消息进行数据的交流通信。client 和 server 为用户提供一个简单的 API 来请求目标(在客户端)或通过函数调用和回调来执行目标(在服务器端)，工作模式的结构示意图如图 3.6 所示。

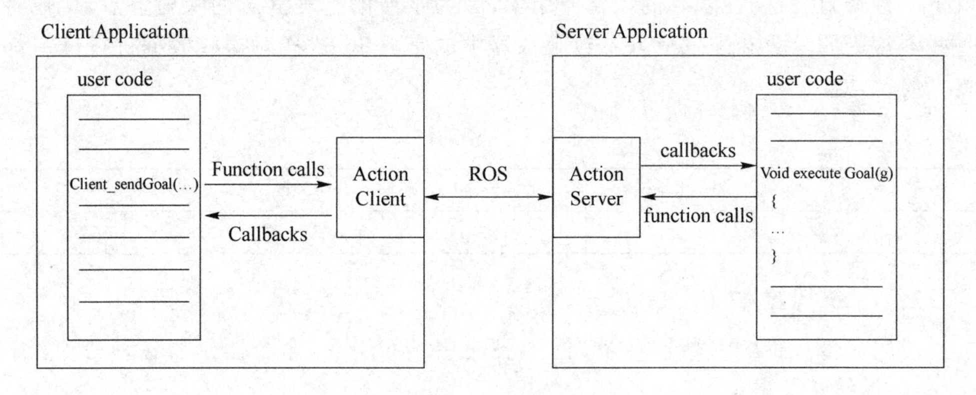

图 3.6　Action 结构示意图

通信双方在 ROS Action Protocal 下进行交流通信是通过接口来实现的，如图 3.7 所示。

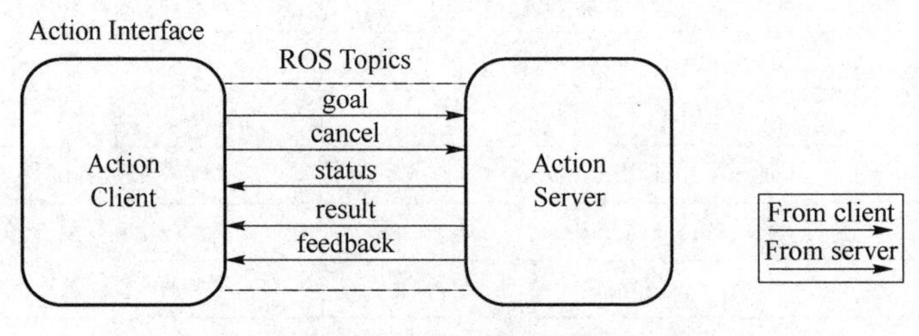

图 3.7　接口通信示意图

可以看到,客户端会向服务器发送目标指令和取消动作指令,而服务器则可以给客户端发送实时的状态信息、结果信息、反馈信息等,从而完成 service 没法完成的内容。

3.5.3 Action 规范

利用动作库进行请求响应,动作的内容格式应包含三个部分,目标、反馈、结果。目标机器人执行一个动作,应该有明确的移动目标信息,包括一些参数的设定,方向、角度、速度等,从而使机器人完成动作任务。反馈在动作进行的过程中,应该有实时的状态信息反馈给服务器的实施者,告诉实施者动作完成的状态,可以使实施者作出准确的判断去修正命令。当运动完成时,动作服务器把本次运动的结果数据发送给客户端,使客户端得到本次动作的全部信息,例如可能包含机器人的运动时长、最终姿势等。

3.5.4 Action 规范文件格式

Action 规范文件的后缀名是.action,它的内容格式如下:

```
# Define the goal
uint32 dishwasher_id # Specify which dishwasher we want to use
---
# Define the result
uint32 total_dishes_cleaned
---
# Define a feedback message
```

至此,ROS 通信架构的四种通信方式就介绍完了,可以对比这四种通信方式,思考每一种通信的优缺点和适用条件,在正确的地方用正确的通信方式,这样整个 ROS 的通信会更加高效,机器人也将更加灵活和智能。机器人学会了通信,也就相当于有了“灵魂”。

3.6 本章习题

1. 什么是节点?

2. 话题和服务通信的异同有哪些?

3. ROS Master 在系统中的作用是什么?

4. 如何实现话题通信和服务通信?请详细说出具体步骤。

5. 简述创建服务和消息的步骤。

6. 创建工作空间 catkin_workspace,创建包名为 learning_communication 的功能包,创建 Person.msg、AddTwoInts.srv,创建 talker.cpp、listener.cpp、server.cpp、client.cpp;最终实现 hello word 话题通信,实现“5+6=11”服务通信。

第 4 章 ROS 之 Launch 文件

4.1 简 介

机器人是一个系统工程，通常一个机器人运行时要开启很多个 node。对于一个复杂的机器人的启动操作应该怎么做呢？当然，并不需要每个节点依次进行 rosrun，ROS 为用户提供了一个命令，能一次性启动 master 和多个 node，该命令是：

```
$ roslaunch pkg_name file_name.launch
```

roslaunch 命令首先会自动检测系统的 roscore 有没有运行，即确认节点管理器是否在运行状态中，如果 master 没有启动，那么 roslaunch 就会首先启动 master，然后再按照 launch 的规则执行。launch 文件里已经配置好了启动的规则，所以 roslaunch 就像是一个启动工具，能够一次性把多个节点按照预先的配置启动起来，减少在终端中一条条输入指令的麻烦。

4.2 写法与格式

launch 文件同样也遵循着 xml 格式规范，是一种标签文本，它包括以下标签：

```
<launch>：<! -- 根标签 -->；
<node>：<! -- 需要启动的 node 及其参数 -->；
<include>：<! -- 包含其他 launch -->；
<machine>：<! -- 指定运行的机器 -->；
<env - loader>：<! -- 设置环境变量 -->；
<param>：<! -- 定义参数到参数服务器 -->；
<rosparam>：<! -- 启动 yaml 文件参数到参数服务器 -->；
<arg>：<! -- 定义变量 -->；
<remap>：<! -- 设定参数映射 -->；
<group>：<! -- 设定命名空间 -->；
</launch>：<! -- 根标签 -->。
```

参考链接：http://wiki.ros.org/roslaunch/XML。

4.3 示 例

launch 文件的写法和格式看起来比较复杂，这里先来介绍一个最简单的例子：

```
<launch>
<node name = "talker" pkg = "rospy_tutorials" type = "talker" />
</launch>
```

上述例子是 Poswiki 官网给出的一个最小的例子，文本所要传达的信息是：启动了一个单独的节点 talker，该节点是 rospy_tutorials 软件包中的节点。然而实际中的 launch 文件要复杂得多，下面以 Ros-Academy-for-Beginners 中的 robot_sim_demo 为例：

```
<launch>
<! -- arg 是 launch 标签中的变量声明，arg 的 name 为变量名，default 或者 value 为值 -->
<arg name = "robot" default = "xbot2"/>
<arg name = "debug" default = "false"/>
<arg name = "gui" default = "true"/>
<arg name = "headless" default = "false"/>
<! -- Start Gazebo with a blank world -->
<include file = " $ (find gazebo_ros)/launch/empty_world.launch"> <! -- include 用来嵌套仿真场景的 launch 文件 -->
<argname = "world_name"value = " $ (findrobot_sim_demo)/worlds/ROS - Academy.world"/>
<arg name = "debug" value = " $ (arg debug)" />
<arg name = "gui" value = " $ (arggui)" />
<arg name = "paused" value = "false"/>
<arg name = "use_sim_time" value = "true"/>
<arg name = "headless" value = " $ (arg headless)"/>
</include>
<! -- Oh, you wanted a robot? --> <! -- 嵌套了机器人的 launch 文件 -->
<include file = " $ (findrobot_sim_demo)/launch/include/ $ (arg robot).launch.xml" />
<! -- 如果你想连同 RViz 一起启动，可以按照以下方式加入 RViznode -->
<! -- node  name = "rviz"  pkg = "rviz"  type = "rviz"  args = " - d  $ (find robot_sim_demo)/urdf_gazebo.rviz" / -->
</launch>
```

相比上一个简单的例子来说，这个 launch 文件内容稍微有些复杂，它的作用是：启动 gazebo 模拟器，导入参数内容，加入机器人模型。

4.4 launch 应用

在实际中，如何使用 launch？接下来讲解一个小乌龟简单的应用，具体步骤如下：

① 切换到包 learning_communication，并在包 learning_communication 下创建一个 launch 文件夹：

```
$ cd~/catkin_ws/ learning_communication
```

② 在 launch 文件夹下创建 turtlemimic. launch，具体内容如下：

首先用 launch 标签开头，以表明这是一个 launch 文件。

```
<launch>
```

创建了两个分组，并以命名空间（namespace）标签来区分它们，其中一个名为 turtulesim1，另一个名为 turtlesim2，两个分组中都有相同的名为 sim 的 turtlesim 节点。这样可以同时启动两个 turtlesim 模拟器，而不会产生命名冲突。代码如下：

```
<group ns = "turtlesim1">
<node pkg = "turtlesim" name = "sim" type = "turtlesim_node"/>
</group>
<group ns = "turtlesim2">
<node pkg = "turtlesim" name = "sim" type = "turtlesim_node"/>
</group>
```

启动模仿节点，话题的输入和输出分别重命名为 turtlesim1 和 turtlesim2，这样就可以让 turtlesim2 模仿 turtlesim1 了。代码如下：

```
<node pkg = "turtlesim" name = "mimic" type = "mimic">
<remap from = "input" to = "turtlesim1/turtle1"/>
<remap from = "output" to = "turtlesim2/turtle1"/>
</node>
```

launch 文件的 XML 标签闭合代码如下：

```
</launch>
```

③ 运行 launch 文件：

```
$ roslaunch learning_communication turtlemimic. launch
```

④ 发布话题：

```
$  rostopic pub/turtlesiml/turtlel/cmd_vel geometry msgs/Twist - rl -- '[2.0,0.0,0.0]' '[0.0,0.0,
- 1.8]'
```

运行结果如图 4.1 所示。

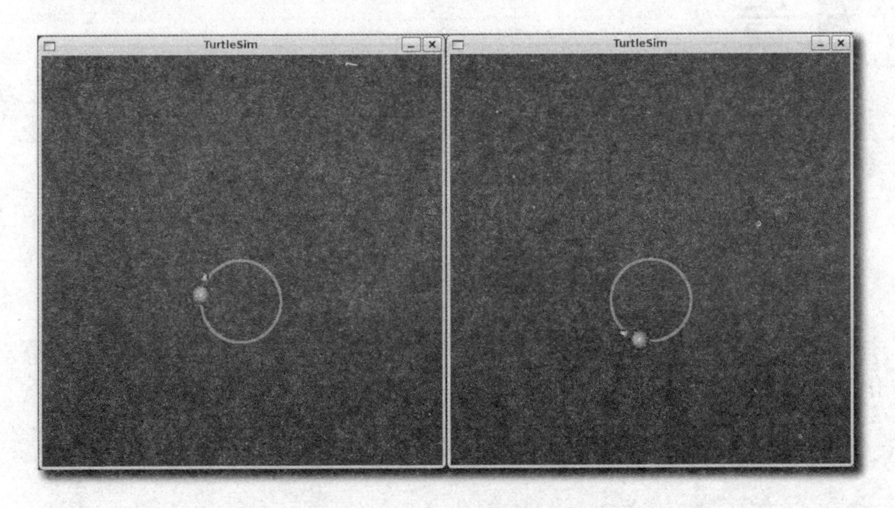

图 4.1 launch 实例运行结果

4.5 本章小结

对于初学者,不要求掌握每一个标签的作用,但至少应该有一个印象。如果要练习自己写 launch 文件,可以先从改 launch 文件的模板入手。经过上述训练,初学者所掌握的技能基本可以满足普通项目的需求。

第 5 章

机器人动起来

5.1 手柄信息采集

手柄信息采集的实验目的是安装手柄驱动并采集手柄触发的信息，编写节点将其转化为控制机器人运动的消息，发布到指定的话题。

5.1.1 实验原理

1. 控制手柄介绍

手柄控制器为北通阿修罗 TE 版，基其本参数如表 5.1 所列。

表 5.1 手柄基本参数表

参 数	数 值
产品尺寸	150×100×55 mm/线长 2 000 mm
产品颜色	镜面黑/镜面白
产品重量	约 300 克(SE/SE 炫光版)/约 220 克(TE 版)
使用温度范围	−20 ℃～+65 ℃
使用适度范围	20%～80%
工作电源	USB 供电(SE/SE 炫光版)/内置锂电(TE 版)
工作电流	＜30mA(非振动)/＜150mA(振动)

在本实验中传递手柄信息的消息为/joy，话题类型为 sensor_msgs/Joy，具体信息如图 5.1 所示。

```
---
header:
  seq: 815
  stamp:
    secs: 1504660592
    nsecs: 695533693
  frame_id: ''
axes: [-0.0, -0.0, 0.0, 0.0, 0.0, 0.0, 0.0, 0.0]
buttons: [0, 0, 0, 0, 0, 0, 0, 0, 0, 0, 0]
---
```

图 5.1 sensor_msgs/Joy 具体信息

由图 5.1 可以看出,发布的手柄信息主要有两个数组,分别为 axes[]和 buttons[],两个数组分别对应手柄的信息如图 5.2 所示。其中,axes 的默认范围为:[-1,1];buttons 的值为 0 或 1,按下为 1,松开为 0。

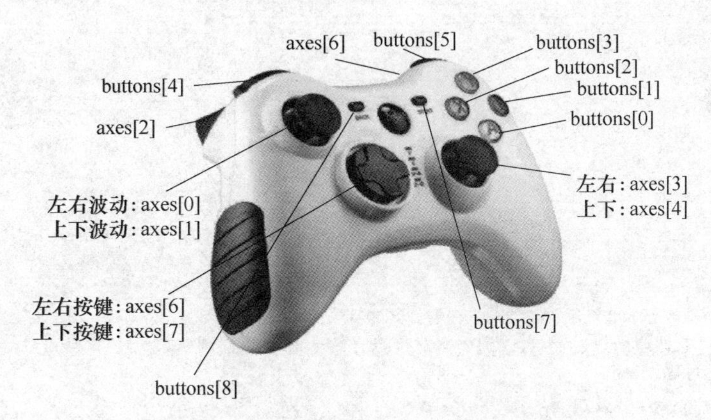

图 5.2　手柄按键和发布信息对应图

2. 手柄驱动安装

joy_node 节点为手柄驱动节点,须确保系统已经安装手柄驱动软件包,输入(bobac 中已经安装):

```
$ sudo apt - get install ros - kinetic - joystick - drivers
$ rosstack profile & rospack profile
```

3. 功能分析

在本实验中需要编写一个节点/bobac2_joy_node 从手柄驱动节点/joy_node 中采集手柄触发情况,然后转化为车体控制信息并发布在话题/cmd_vel 中。节点通信如图 5.3 所示。

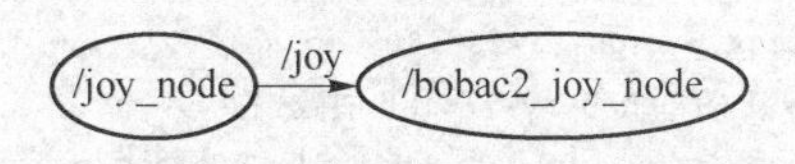

图 5.3　节点通信图

4. 程序包

程序包位置:home/reinovo/bobac2_ws/src/bobac2_joy。

5. 源码文件分析

手柄源码文件为:bobac2_joy_node. cpp,bobac2_joy. cpp 中实现了手柄信息/joy 的订阅以及速度控制信息/cmd_vel 的发布,位置:home/reinovo/bobac2_ws/src/bobac2_joy/src。分析如下:

```
#include<ros/ros.h>
//包含 ros 头文件
#include<geometry_msgs/Twist.h>
//包含机器人速度控制消息头文件
#include<sensor_msgs/Joy.h>
//手柄信息消息头文件
#include<iostream>
//标准输入输出消息头文件
using namespace std;
class TeleopJoy{
public:
  TeleopJoy( );
private:
  void callBack(const sensor_msgs::Joy::ConstPtr& joy);
  //消息接收回调函数,当节点收到手柄发布的信息时,触发该回调函数
  ros::NodeHandle n;
  //创建一个 ros 节点句柄
  ros::Publisher pub;
   //创建一个发布器
  ros::Subscriber sub;
  //创建一个订阅器
  int  i_velLinear_x,  i_velLinear_y,  i_velAngular;
  //三个变量定义了是手柄哪个按键控制机器人运动
  double  f_velLinearMax, f_velAngularMax;
  //两个变量分别定义了机器人运动的最大线速度以及最大旋转速度
};
TeleopJoy::TeleopJoy()//构造函数
{
  n.param<int>("axis_linearx",i_velLinear_x, i_velLinear_x);
  n.param<int>("axis_lineary",i_velLinear_x, i_velLinear_y);
  n.param<int>("axis_angular",i_velAngular,  i_velAngular);
  n.param<double>("linear_max",f_velLinearMax,0.5);
  n.param<double>(" angular_max",f_velAngularMax,3);
  //上述定义了该节点的 5 个参数,表示这些参数在该节点运行的时候可以根据自己的需求修改
  pub = n.advertise<geometry_msgs::Twist>("cmd_vel",1);
  //发布一个名字叫:cmd_vel 的 geometry::Twist 话题
  sub = n.subscribe<sensor_msgs::Joy>("joy", 10, &TeleopJoy::callBack, this);
  //订阅话题名称为 joy 的话题
}
void TeleopJoy::callBack(const sensor_msgs::Joy::ConstPtr& joy)
{
    geometry_msgs::Twist vel;
    vel.angular.z = joy->axes[i_velAngular] * f_velAngularMax;
    //用 i_velAngular 对应的手柄轴控制机器人的方向
    vel.linear.x = joy->axes[i_velLinear_x] * f_velLinearMax;
    //用 i_velLinearx 对应的手柄轴控制机器人 x 方向的移动速度
    vel.linear.y = joy->axes[i_velLinear_y] * f_velLinearMax;
    //用 i_velLineary 对应的手柄轴控制机器人 y 方向的移动速度
```

```
    pub.publish(vel);//发布话题
}
int main(int argc, char * * argv)
{
    ros::init(argc, argv, "teleopJoy");
    //初始化ros节点
    TeleopJoy  teleop_bobac;
    //实体化一个对象
    ros::spin();
    //回调控制函数,不写该函数,系统将不进入回调函数
}
```

6. launch 文件分析

launch 文件分析如下:

```
<? xml version = "1.0" ? >
<launch>
<node pkg = "bobac2_joy" type = "bobac2_joy_node" name = "bobac2_joy_node" />
  //开启 bobac2_joy 节点
  <param name = "axis_linear_x" value = "1" type = "int" />
  //指定线速度控制 x 轴为 1
  <param name = "axis_linear_y" value = "0" type = "int" />
  //指定线速度控制 y 轴为 0
  <param name = "axis_angular" value = "3" type = "int" />
  //指定角速度控制轴为 3
   <param name = "linear_max" value = "0.5" type = "double" />
   //指定线速度最大值为 0.5
  <param name = "linear_max" value = "1" type = "double" />
  //指定角速度最大值为 1
<node respawn = "true" pkg = "joy" type = "joy_node" name = "joy_node">
  //开启手柄驱动节点 joy_node
  <param name = "dev" type = "string" value = "/dev/input/js0" />
  //指定手柄端口
  <param name = "deadzone" value = "0.12" />
  //指定手柄死区
</node>
</launch>
```

5.1.2 实验步骤

1. 硬件检测

将手柄接收端插入 USB,如果手柄处于休眠状态(手柄正面的四个灯全灭),则按手柄正面印有 logo 的圆形按钮,使手柄激活。正常激活的状态是 p、x 两个 LED 等亮,如果不是这两个灯亮,则长按圆形按钮切换模式,直到切换到上述正确的模式。

在新终端输入以下命令查看输入设备:

```
$ ls /dev/input/
```

图 5.4 所示为设备输入列表，如果包含 js0 则说明系统识别到了手柄。

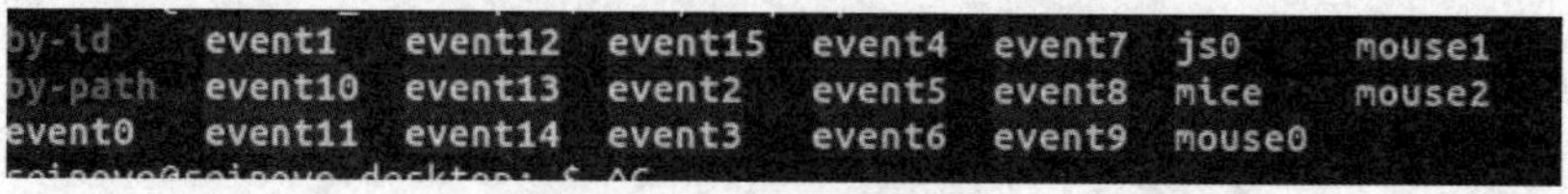

```
by-id     event1   event12  event15  event4  event7  js0     mouse1
by-path   event10  event13  event2   event5  event8  mice    mouse2
event0    event11  event14  event3   event6  event9  mouse0
```

图 5.4　输入设备列表

在新终端输入以下命令测试手柄是否运行正常：

```
$ sudo jstest /dev/input/js0
```

结果如图 5.5 所示则说明运行正常。

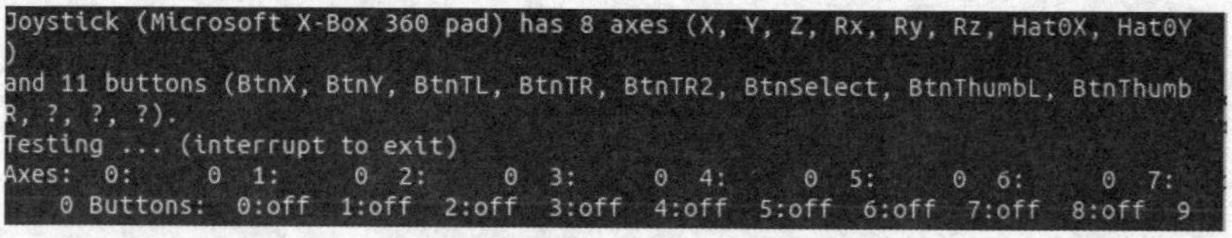

```
Joystick (Microsoft X-Box 360 pad) has 8 axes (X, Y, Z, Rx, Ry, Rz, Hat0X, Hat0Y
)
and 11 buttons (BtnX, BtnY, BtnTL, BtnTR, BtnTR2, BtnSelect, BtnThumbL, BtnThumb
R, ?, ?, ?).
Testing ... (interrupt to exit)
Axes:  0:     0  1:     0  2:     0  3:     0  4:     0  5:     0  6:     0  7:
    0 Buttons:  0:off  1:off  2:off  3:off  4:off  5:off  6:off  7:off  8:off  9
```

图 5.5　手柄测试正确样图

2. 运行 bobac2_joy 节点

运行以下命令：

```
$ roslaunch  bobac2_joy  bobac2_joy.launch
```

运行成功后界面如图 5.6 所示。

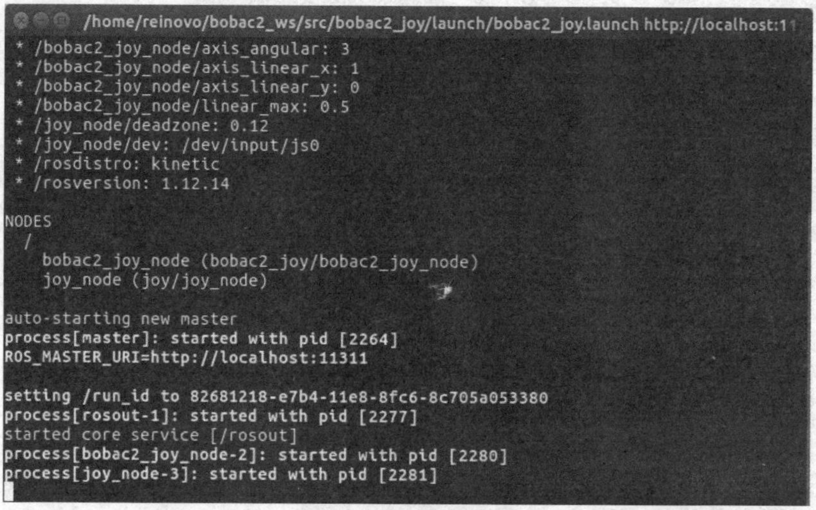

```
/home/reinovo/bobac2_ws/src/bobac2_joy/launch/bobac2_joy.launch http://localhost:11
 * /bobac2_joy_node/axis_angular: 3
 * /bobac2_joy_node/axis_linear_x: 1
 * /bobac2_joy_node/axis_linear_y: 0
 * /bobac2_joy_node/linear_max: 0.5
 * /joy_node/deadzone: 0.12
 * /joy_node/dev: /dev/input/js0
 * /rosdistro: kinetic
 * /rosversion: 1.12.14

NODES
  /
    bobac2_joy_node (bobac2_joy/bobac2_joy_node)
    joy_node (joy/joy_node)

auto-starting new master
process[master]: started with pid [2264]
ROS_MASTER_URI=http://localhost:11311

setting /run_id to 82681218-e7b4-11e8-8fc6-8c705a053380
process[rosout-1]: started with pid [2277]
started core service [/rosout]
process[bobac2_joy_node-2]: started with pid [2280]
process[joy_node-3]: started with pid [2281]
```

图 5.6　手柄运行图

3. 查看当前系统运行节点

运行以下命令：

```
$ rqt_graph
```

如图 5.7 所示，当前系统运行了两个节点分别为 joy_node 和 bobac2_joy，bobac2_joy 订阅了 joy_node 发布的话题/joy。

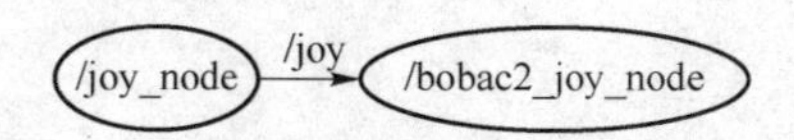

图 5.7　运行节点图

4. 观察手柄动作时发布话题消息

运行以下命令观察/joy 话题消息变化：

```
$ rostopic echo /joy
```

按动按键，摇动手柄观察消息的变化，如图 5.8 所示。

```
header:
  seq: 33
  stamp:
    secs: 1542162767
    nsecs:    1991166
  frame_id: ''
axes: [-0.0, -0.3243964910507202, 0.0, 0.0, 0.0, 0.0, 0.0, 0.0]
buttons: [0, 0, 0, 0, 0, 0, 0, 0, 0, 0, 0]
```

图 5.8　观察/joy 变化

运行以下命令观察/cmd_vel 消息变化：

```
$ rostopic echo /cmd_vel
```

摇动 axes[1]和 axes[3]，观察数据变化，如图 5.9 所示。

```
linear:
  x: 0.233847379684
  y: -0.0
  z: 0.0
angular:
  x: 0.0
  y: 0.0
  z: 0.0
```

图 5.9　观察/cmd_vel 消息变化

5.2 机器人动起来

机器人动起来实验的目的是实现上位机工控机和下位机两个控制器之间的通信,上位机读取车体运动的速度、碰撞传感器信息、超声波信息、防跌传感器信息等,同时发送车体的控制命令信息。

5.2.1 实验原理

1. 通信协议

本实验所用通信协议适用于下位机控制器与工控机通信规约数据交换方式,规定了它们之间的物理连接、通信链路及应用技术规范。

2. 引用标准

Modbus 是一种标准的通信规约,只要按照这种规约进行数据通信或传输,不同的系统就可以通信。常用的 Modbus 通信规约有两种,一种是 Modbus ASCII,另一种是 Modbus－RTU。一般来说,通信数据量大而且是二进制数值时,多采用 Modbus－RTU 规约。Modbus－RTU 由于其采用二进制表现形式以及紧凑的数据结构,通信效率较高,应用比较广泛。本实验采用的引用标准即是 Modbus－RTU 规约。

(1) 字节格式

每字节含 8 个数据位,无校验位、1 停止位,异步通信,波特率:115 200 bps,协处理器地址为 01。

(2) 帧格式

采用标准 Modbus－RTU 协议,主发送查询命令如表 5.2 所列,主对从写操作如表 5.3 所列。

表 5.2　主发送查询命令

起始段	设备地址	功能码	起始寄存器地址	寄存器个数	CRC 校验	结束段
大于 3.5 字节时间	1 字节	1 字节	2 字节, 高字节在前	2 字节, 高字节在前	2 字节, 高字节在前	大于 3.5 字节时间

表 5.3　主对从写操作命令

起始段	设备地址	功能码	起始寄存器地址	数　据	CRC 校验	结束段
大于 3.5 字节时间	1 字节	1 字节	2 字节, 高字节在前	N 字节	2 字节, 高字节在前	大于 3.5 字节时间

(3) 应　用

1) 读小车车轮转速

功能:读取速度命令,返回 3 个 double 数据(4 个寄存器组成一个 8 字节 double,高字节在前),对应 1、2、3 车轮转速,单位:rpm(每分钟车轮转动圈数),具体数据如下:Modbus 功能码为 04、寄存器起始地址为 30001、数据长度为 12、数据类型为 double。帧格式如表 5.4 所列,协处理机应答帧格式如表 5.5 所列。

表 5.4 小车车轮帧格式

设备地址	功能码	寄存器地址高	寄存器地址低	数据个数高	数据个数低	CRC 校验高	CRC 校验低
1	4	30001		24			

表 5.5 协处理机应答帧格式

设备地址	功能码	数据个数	车轮 1 转速	车轮 2 转速	车轮 3 转速	CRC 校验高	CRC 校验低
1	4	24					

具体数据定义如下:

① 车轮 1 转速:double 数据,4 位输入寄存器,即 8 字节数据,高字节在前,单位:rpm。

② 车轮 2 转速:double 数据,4 位输入寄存器,即 8 字节数据,高字节在前,单位:rpm。

③ 车轮 3 转速:double 数据,4 位输入寄存器,即 8 字节数据,高字节在前,单位:rpm。

2) 读碰撞传感器状态

功能:读碰撞传感器状态,返回 0 或 1 对应传感器状态,具体数据如下:Modbus 功能码为 04、寄存器起始地址为 30013、数据长度为 03、数据类型为 16 位无符号整形。碰撞传感器帧格式如表 5.6 所列,协处理机应答帧格式如表 5.7 所列。

表 5.6 碰撞传感器帧格式

设备地址	功能码	寄存器地址高	寄存器地址低	数据个数高	数据个数低	CRC 校验高	CRC 校验低
1	4	30013		6			

表 5.7 协处理机应答帧格式

设备地址	功能码	数据个数	碰撞 1	碰撞 2	碰撞 3	CRC 校验高	CRC 校验低
1	4	6	0 或 1	0 或 1	0 或 1		

具体数据定义如下:

① 碰撞 1:1 表示未碰撞,0 表示碰撞;16 位无符号整形。

② 碰撞 2:1 表示未碰撞,0 表示碰撞;16 位无符号整形。

③ 碰撞 3:1 表示未碰撞,0 表示碰撞;16 位无符号整形。

3）读防跌传感器状态

功能:读防跌传感器状态,返回 0 或 1 对应传感器状态,具体数据如下:Modbus 功能码为 04、寄存器起始地址为 30016、数据长度为 03、数据类型为 16 位无符号整形。读防跌传感器帧格式如表 5.8 所列,协处理机应答帧格式如表 5.9 所列。

表 5.8 读防跌传感器帧格式

设备地址	功能码	寄存器地址高	寄存器地址低	数据个数高	数据个数低	CRC 校验高	CRC 校验低
1	4	30016		6			

表 5.9 协处理机应答帧格式

功能码	数据个数	防跌 1	防跌 2	防跌 3	CRC 校验高	CRC 校验低
4	6	0 或 1	0 或 1	0 或 1		

具体数据定义如下:

① 防跌 1:0 表示悬空,1 表示正常;16 位无符号整形。

② 防跌 2:0 表示悬空,1 表示正常;16 位无符号整形。

③ 防跌 3:0 表示悬空,1 表示正常;16 位无符号整形。

4）读超声波传感器状态

功能:读超声波传感器状态,返回 6 个整形,对应 1～6 超声波距离值,单位:mm,具体数据如下:Modbus 功能码为 04、寄存器起始地址为 30019、数据长度为 06、数据类型为 16 位无符号整形。读超声波传感器帧格式如表 5.10 所列,协处理机应答帧格式如表 5.11 所列。

表 5.10 读防跌传感器帧格式

设备地址	寄存器地址高	寄存器地址低	数据个数高	数据个数低	CRC 校验高	CRC 校验低
1	30019		12			

表 5.11 协处理机应答帧格式

设备地址	功能码	数据个数	超声波 1～6	CRC 校验高	CRC 校验低
1	4	12			

具体数据定义如下:

超声波 1～6:返回对应超声波的距离,单位:cm,16 位无符号整形。200 ms 间隔读取一次。

5）读烟雾传感器状态

功能:读烟雾传感器是否报警,返回 1 个无符号整形,0 代表正常,1 代表烟雾报警器报警;Modbus 功能码为 04、寄存器起始地址为 30025、数据长度为 01、数据类型为16位无符号整形。读烟雾传感器帧格式如表5.12所列，协处理机应答帧格式如表5.13所列。

表5.12 读烟雾传感器帧格式

设备地址	功能码	寄存器地址高	寄存器地址低	数据个数高	数据个数低	CRC校验高	CRC校验低
1	4	30025		2			

表5.13 协处理机应答帧格式

设备地址	功能码	数据个数	烟雾报警器状态	CRC校验高	CRC校验低
1	4	2	0或1		

具体数据定义如下：

烟雾报警器状态：返回1个无整形，0代表正常，1代表烟雾报警器报警。

6）读电池电压

功能：读取电池电压，返回1个无符号整形，单位：mV。Modbus功能码为04、寄存器始地址为30026、数据长度为01、数据类型为16位无符号整形。读电池电压传感器帧格式如表5.14所列，协处理机应答帧格式如表5.15所列。

表5.14 读电池电压感器帧格式

设备地址	功能码	寄存器地址高	寄存器地址低	数据个数高	数据个数低	CRC校验高	CRC校验低
1	4	30026		2			

表5.15 协处理机应答帧格式

设备地址	功能码	数据个数	电池电压	CRC校验高	CRC校验低
1	4	2			

具体数据定义如下：

电池电压：无符号整形，单位：mV。

7）读MPU传感器状态

功能：读MPU传感器状态，返回9个float型数值，前三个是X、Y、Z轴的加速度值，单位：g；另三个是X、Y、Z轴的角速度值，单位：rad/s；最后三个是X、Y、Z轴的磁场大小，单位高斯。2个寄存器组成一个4字节float型数据，高字节在前。Modbus功能码为04、寄存器起始地址为30027、数据长度为18、数据类型为32位float。读MPU传感器帧格式如表5.16所列，协处理机应答帧格式如表5.17所列。

表5.16 读电池电压感器帧格式

设备地址	功能码	寄存器地址高	寄存器地址低	数据个数高	数据个数低	CRC校验高	CRC校验低
1	4	30027		36			

表 5.17 协处理机应答帧格式

设备地址	功能码	数据个数	MPU 数据 D	CRC 校验高	CRC 校验低
1	4	36			

具体 MPU 数据 D 定义如下：

① X 轴加速度：float 数据，2 位输入寄存器，即 4 字节数据，高字节在前，单位：g。

② Y 轴加速度：float 数据，2 位输入寄存器，即 4 字节数据，高字节在前，单位：g。

③ Z 轴加速度：loat 数据，2 位输入寄存器，即 4 字节数据，高字节在前，单位：g。

④ X 轴角速度：float 数据，2 位输入寄存器，即 4 字节数据，高字节在前，单位：rad/s。

⑤ Y 轴角速度：float 数据，2 位输入寄存器，即 4 字节数据，高字节在前，单位：rad/s。

⑥ Z 轴角速度：float 数据，2 位输入寄存器，即 4 字节数据，高字节在前，单位：rad/s。

⑦ X 轴磁场：float 数据，2 位输入寄存器，即 4 字节数据，高字节在前，单位：高斯。

⑧ Y 轴磁场：float 数据，2 位输入寄存器，即 4 字节数据，高字节在前，单位：高斯。

⑨ Z 轴磁场：float 数据，2 位输入寄存器，即 4 字节数据，高字节在前，单位：高斯。

8）读温湿度传感器状态

功能：读温湿度传感器状态，返回 2 个 float 型数据，对应温度和湿度值，温度单位：℃，湿度单位：%。2 个寄存器组成一个 4 字节 float 型数据，高字节在前。Modbus 功能码为 04、寄存器起始地址为 3004、数据长度为 04、数据类型为 32 位 float。读温湿度传感器帧格式如表 5.18 所列，协处理机应答帧格式如表 5.19 所列。

表 5.18 读电池电压感器帧格式

设备地址	功能码	寄存器地址高	寄存器地址低	数据个数高	数据个数低	CRC 校验高	CRC 校验低
1	4	30045		8			

表 5.19 协处理机应答帧格式

设备地址	功能码	数据个数	温度	湿度%	CRC 校验高	CRC 校验低
1	4	8				

具体数据定义如下：

① 温度：float 数据，2 位输入寄存器，即 4 字节数据，高字节在前，单位：℃。

② 湿度：float 数据，2 位输入寄存器，即 4 字节数据，高字节在前，单位：%。

9）设置小车车轮转速

功能：设置每个车轮转速命令，写入 3 个 double 数据，(4 个寄存器组成一个 8 字节 double，高字节在前)，对应 1、2、3 车轮转速，单位：rpm(每分钟车轮转动圈数)；Modbus 功能码为 16、寄存器起始地址为 40001、数据长度为 12、数据类型为 double。设置小车车轮转速帧格式如表 5.20 所列。

表 5.20　小车车轮转速帧格式

设备地址	功能码	地址高	地址低	数据个数高	数据个数低	字节个数	车轮 1 转速	车轮 2 转速	车轮 3 转速	CRC 校验高	CRC 校验低
1	16	40001		12		48					

具体数据定义如下：

① 车轮 1 转速：double 数据，4 位输入寄存器，即 8 字节数据，高字节在前，单位：rpm。

② 车轮 2 转速：double 数据，4 位输入寄存器，即 8 字节数据，高字节在前，单位：rpm。

③ 车轮 3 转速：double 数据，4 位输入寄存器，即 8 字节数据，高字节在前，单位：rpm。

10）设置播放一次蜂鸣器

功能：播放蜂鸣器，写入 0～10，对应蜂鸣器的提示音模式；Modbus 功能码为 06、寄存器起始地址为 40013、数据长度为 1、数据类型为 16 位无符号整形。设置播放一次蜂鸣器帧格式如表 5.21 所列。

表 5.21　播放蜂鸣器帧格式

设备地址	功能码	寄存器地址高	寄存器地址低	播放模式	CRC 校验高	CRC 校验低
1	6	40013		0～10		

具体数据定义如下：

播放模式：写入 0～10，对应蜂鸣器提示音，其他值无效，16 位无符号整形。

3. 节点通信图

图 5.10 所示为本程序包，编写节点/bobac2_base_node 订阅由节点/bobac2_kinematics 发布的话题/car_cmd 中的控制信息通过串口控制下位机电机驱动，同时采集下位机采集的传感器信息和里程信息，将其发布在/car_data 话题上并由节点/bobac2_kinematics 订阅。

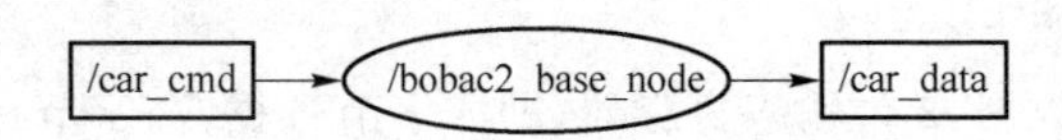

图 5.10 底盘控制节点通信图

节点与话题分析：

节点 bobac2_base 接收订阅节点/bobac2_kinematics 发布的话题/car_cmd，并根据/car_cmd 信息控制车体运动，同时发布传感器消息话题/car_data。

4. 程序包

程序包位置：/home/reinovo/bobac2_ws/src/bobac2_base。

5. bobac2_base.cpp(底盘控制源码)

底盘控制源码如下：

```
#include "ros/ros.h" //ros 头文件
#include "bobac2_msgs/car_data.h" //机器人底盘消息头文件
#include "modbus/modbus-rtu.h" //
#include "vector" //vector 模板头文件
#include "string" //string 头文件
#include "bobac2_msgs/car_cmd.h" //电机转速消息头文件

#define READ_SPEED 0
#define READ_CRASH 12
#define READ_INFRARED 15
#define READ_ULTRASONIC 18
#define READ_SMOKE   24
#define READ_POWER_VOLTAGE   25
#define READ_MPU   26
#define READ_HTU21D 44
using namespace std;

uint16_t mbbuf[49];
uint16_t probeen = 0;
bobac2_msgs::car_data  my_data; //实例化底盘消息的对象
modbus_t *mb = NULL;
void translate_mb_data(void)
{
    union {
        double dd;
        uint16_t id[4];
    } d_to_uint; //声明共用体 d_to_uint
    uint16_t *mbp = &mbbuf[READ_SPEED]; //读取各个电机的转速
    for(int i = 0; i<3; i++) {
        d_to_uint.id[3] = *mbp++;
        d_to_uint.id[2] = *mbp++;
```

```
        d_to_uint.id[1] = * mbp ++ ;
        d_to_uint.id[0] = * mbp ++ ;
        my_data.speed[i] = d_to_uint.dd;
    }
    mbp = &mbbuf[READ_CRASH]; //读取碰撞传感器的状态值
    for(int i = 0; i<3; i ++ ) {
        my_data.crash[i] = * mbp ++ ;
    }
    mbp = &mbbuf[READ_INFRARED]; //读取红外线的数值
    for(int i = 0; i<3; i ++ ) {
        my_data.infrared[i] = * mbp ++ ;
    }
    mbp = &mbbuf[READ_ULTRASONIC]; //读取超声波的值
    for(int i = 0; i<6; i ++ ) {
        my_data.ultrasonic[i] = * mbp ++ ;
    }
    my_data.smoke = mbbuf[READ_SMOKE]; //读取烟雾传感器的值
    my_data.power_voltage = mbbuf[READ_POWER_VOLTAGE];
    mbp = &mbbuf[READ_MPU]; //读取 IMU 的值
    union {
        float fd;
        uint16_t id[2];
    } f_to_uint; //声明共用体 f_to_uint
    for(int i = 0; i<9; i ++ ) {
        f_to_uint.id[1] = * mbp ++ ;
        f_to_uint.id[0] = * mbp ++ ;
        my_data.mpu[i] = f_to_uint.fd;
    }
    mbp = &mbbuf[READ_HTU21D]; //读取温湿度传感器的值
    f_to_uint.id[1] = * mbp ++ ;
    f_to_uint.id[0] = * mbp ++ ;
    my_data.tempareture = f_to_uint.fd;
    f_to_uint.id[1] = * mbp ++ ;
    f_to_uint.id[0] = * mbp ++ ;
    my_data.humidity = f_to_uint.fd;
}
void twistCallback(const bobac2_msgs::car_cmd & mycmd) //回调函数
{
    double speed[3];
    speed[0] = mycmd.speed[0];
    speed[1] = mycmd.speed[1]; //接受电机转速控制消息
    if(mycmd.speed.size() == 2) //两轮轮模型时
        speed[2] = 0;
    else //三轮模型时
        speed[2] = mycmd.speed[2];
    union {
```

```
        double dd;
        uint16_t id[4];
    } d_to_uint;   //声明共用体 d_to_uint
    uint16_t send_data[13];
    uint16_t *p = send_data;
    for(int i = 0; i<3; i++) {
        d_to_uint.dd = speed[i];
        *p++ = d_to_uint.id[3];
        *p++ = d_to_uint.id[2];
        *p++ = d_to_uint.id[1];
        *p++ = d_to_uint.id[0];
    }
    if(mycmd.been != probeen)   send_data[12] = mycmd.been;
    else send_data[12] = 0;
    probeen = mycmd.been;
    int res = modbus_write_registers(mb,0,13,send_data); //  }
std::string serial_port = "/dev/ttyS";
std::string usbserial_port = "/dev/ttyUSB";
std::string connection_port = "";//
int main(int argc, char **argv)
{
    std::vector<std::string> port; //实例化一个对象
    port.push_back(serial_port); //依次往 port 中存放 serial_port 的值
    port.push_back(usbserial_port); //上一步做完后，再依次往 port 中存放 serial_port 的值
    ROS_INFO("scaning available port");
    bool is_connected = false;

    for(int j = 0; j<port.size(); j++) {
        for(int i = 0; i < 127; i++) {
            std::string curr_port = port[j] + std::to_string(i);
            if(!(mb = modbus_new_rtu(curr_port.c_str(),115200,'N',8,1))) continue;
            if(modbus_set_slave(mb,1) == -1) {
                modbus_free(mb);
                continue;
            }
            if(modbus_connect(mb) == -1) {
                modbus_free(mb);
                continue;
            }
            modbus_set_response_timeout(mb,0,200000);
            if(modbus_read_input_registers(mb,0,49,mbbuf) == 49) {
                connection_port = curr_port;
                is_connected = true;
                break;
            }
        }//end for
```

```
        if(is_connected) break;
        continue;
    }//end for
    if(! is_connected) { //下位机连接失败
        ROS_ERROR_STREAM("control borad connection failed");
        return -1;
    }
    ROS_INFO_STREAM("available prot: " << connection_port);
    modbus_set_response_timeout(mb,0,200000);

    my_data.speed.resize(3);
    my_data.crash.resize(3);
    my_data.infrared.resize(3);
    my_data.ultrasonic.resize(6);
    my_data.mpu.resize(9);

    ros::init(argc, argv, "car_controller"); //初始化节点
    ros::NodeHandle nh; //创建节点句柄
    ros::Publisher car_data_pub = nh.advertise<bobac2_msgs::car_data>("car_data", 10);
    //创建发布者,发布话题 car_data 上的 bobac2_msgs::car_data 类型的消息
    ros::Subscriber car_control_sub = nh.subscribe("car_cmd",10,twistCallback);//创建订阅者,
                                                            //订阅话题 car_cmd,注册回调函数

    ros::Rate loop_rate(50); //设置循环频率
    while (ros::ok()) {
        memset(mbbuf,0,49 * 2);
        if(modbus_read_input_registers(mb,0,49,mbbuf) == 49) {
            translate_mb_data();
            car_data_pub.publish(my_data); //发布消息
        }
        ros::spinOnce();//循环等待回调函数
        loop_rate.sleep(); //延时
    }
    modbus_close(mb);
    modbus_free(mb);//释放内存
return 0;
}
```

6. launch 文件分析

launch 文件分析如下：

```
    <launch>
    <arg name = "driver_methods" default = "two_wheels" doc = "driver_type [two_wheels,three_
wheels]" />
```

```
    //机器人的底盘类型,两轮差动则选择"two_wheels"(默认),三轮全向则选择"three_wheels"
    <include  file = " $ (find bobac2_kinematic)/launch/bobac2_kinematic. launch"/>
    //启动 kinematic,小车运动正反解运算
    //关于 kinematic 后续章节会有介绍
<node pkg = " bobac2 _ base" type = " bobac2 _ base _ node" name = " bobac2 _ base _ node" output = "
screen"/>
    //运行 bobac2_base 节点
</node>
</launch>
```

5.2.2 实验步骤

1. 启动底盘控制节点

终端输入:

```
$ roslaunch bobac2_base  bobac2_base. launch
```

运行结果如图 5.11 所示。

若是三轮全向车则输入:

```
$ roslaunch bobac2_base bobac2_base. launch driver_methods: = three_wheels
```

```
/home/reinovo/bobac2_ws/src/bobac2_base/launch/bobac2_base.launch http://localhos
 /
   bobac2_base_node (bobac2_base/bobac2_base_node)
   bobac2_kinematics (bobac2_kinematics/bobac2_kinematics_node)
   odometry (bobac2_kinematics/odometry_node)

auto-starting new master
process[master]: started with pid [5445]
ROS_MASTER_URI=http://localhost:11311

setting /run_id to a7f90c98-e7ba-11e8-8fc6-8c705a053380
process[rosout-1]: started with pid [5458]
started core service [/rosout]
process[bobac2_base_node-2]: started with pid [5469]
[ INFO] [1542164951.042656802]: scaning available port
process[bobac2_kinematics-3]: started with pid [5476]
[ INFO] [1542164951.064513197]: available prot: /dev/ttyS0
process[odometry-4]: started with pid [5477]
[ INFO] [1542164951.085239005]: kinematics_mode = 2
[ INFO] [1542164951.086485840]: wheel_radius = 0.068
[ INFO] [1542164951.087480758]: wheel_separation = 0.32374
[ INFO] [1542164951.088187199]: max_vx = 0.3
[ INFO] [1542164951.089560627]: max_vy = 0.4
[ INFO] [1542164951.092509820]: max_vth = 2
```

图 5.11 运行车体控制节点

2. 控制机器人移动

在新终端运行:

```
$  rosrun  rqt_publisher  rqt_publisher
```

出现如图 5.12 所示界面。

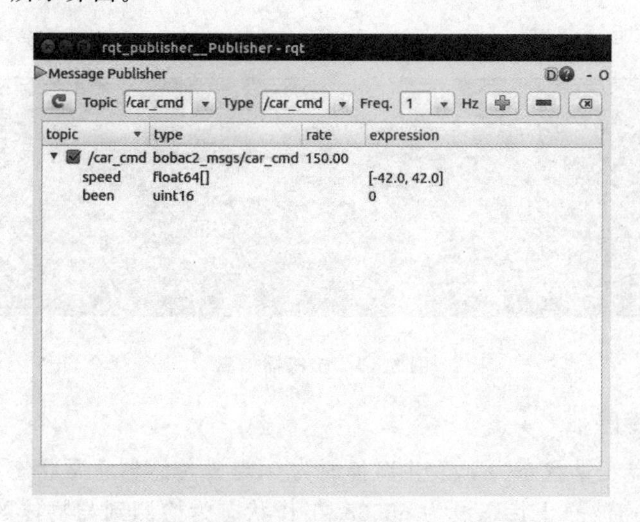

图 5.12　rqt_publisher

在"speed"的"expression"中填入两个轮子电机的转速。

符号:前进[-,+],后退[+,-],左转[+,+],右转[-,-]。

最开始运行时,bobac2_base 可能会突然死掉,只须将两个重新运行即可。

3. 查看当前话题列表

在新终端输入以下命令:

```
$ rostopic list
```

输出如下:

```
/car_cmd
/car_data
/cmd_vel
/odom
/real_vel
/rosout
/rosout_agg
/tf
```

4. 传感器信息

话题/car_data 为/bobac2_base_node 节点发布的消息，接下来查看话题的内容。输入以下命令：

```
$ rostopic  echo /car_data
```

出现如图 5.13 所示结果信息。

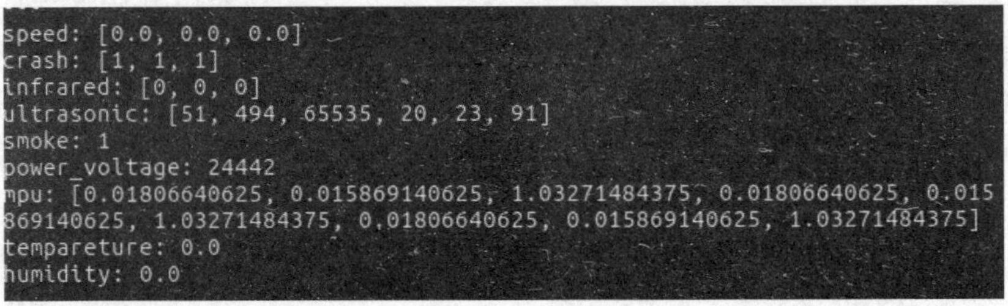

```
speed: [0.0, 0.0, 0.0]
crash: [1, 1, 1]
infrared: [0, 0, 0]
ultrasonic: [51, 494, 65535, 20, 23, 91]
smoke: 1
power_voltage: 24442
mpu: [0.01806640625, 0.015869140625, 1.03271484375, 0.01806640625, 0.015869140625, 1.03271484375, 0.01806640625, 0.015869140625, 1.03271484375]
tempareture: 0.0
humidity: 0.0
```

图 5.13　传感器信息

5. 检查传感器

碰撞传感器正常状态为 1，发生碰撞时为 0；红外传感器正常状态为 0，地面距离变大时为 1；超声波静止状态设为 65535，工作状态为检测到与物体的距离（单位为 cm）。若传感器都正常，则按规范操作会出现对应的结果。

依顺序（3→2→1）（从面对机器人的左往右）按压碰撞传感器，碰撞传感器出现数据变化 collsion_sensor：[0,1,1,…]→[1,0,1,…]→[1,1,0,…]。

依顺序（3→2→1）（从面对机器人的左往右）将红外传感器的位置举高，红外传感器出现数据变化 infrared_sensor：[1,0,0,…]→[0,1,0,…]→[0,0,1,…]。

用手遮挡超声波传感器，得到对应传感器的数值变化，多次测验检验是否准确。

5.3　本章习题

1. 控制机器人移动的方式有哪两种？请简述。
2. 画出机器人动起来的节点通信图。
3. 写出机器人动起来的终端指令。
4. 查询机器人电量的指令是什么？检查传感器信息的指令是什么？

第 6 章

机器人常用仿真工具

6.1 可视化界面 rviz

本章实验目的是学习如何使用 rviz 将一些信息 3D 可视化展示，比如机器人模型、点云、地图等。

6.1.1 实验原理

1. 安　装

一般情况下，安装 ROS 的时候已经包含了 rviz，如果没有，可以按照以下步骤安装：输入：$ sudo apt - get install ros - kinetic - visualization。如果用的是其他版本的 ROS，请将 kinetic 用自己使用的 ROS 版本名字替换，比如 kinetic。

2. 运　行

在终端输入命令：

```
$ roscore
```

打开一个新终端，输入命令：

```
$ rviz
```

图 6.1 为 rviz 打开的界面图，是一个空的窗口。

图 6.1 中间的黑色区域为 3D 显示区域，左侧的 Displays 即要显示的内容(这个在后续章节详细描述)，右侧显示当前视角的姿态。

3. Displays

Display 是一个可以在 3D 显示区显示的内容，比如 3D 点云、机器人状态等。单击 Add 按钮可以添加一个显示内容，如图 6.2 所示。

单击 Add 按钮，弹出的窗口有两个标签栏，如图 6.3 所示，一种是根据 Display 的 type 添加，另一种是根据当前发布的话题添加。

选中并单击 LaserScan 选项后单击 OK 按钮。此时 LaserScan 将被添加到显示区域。

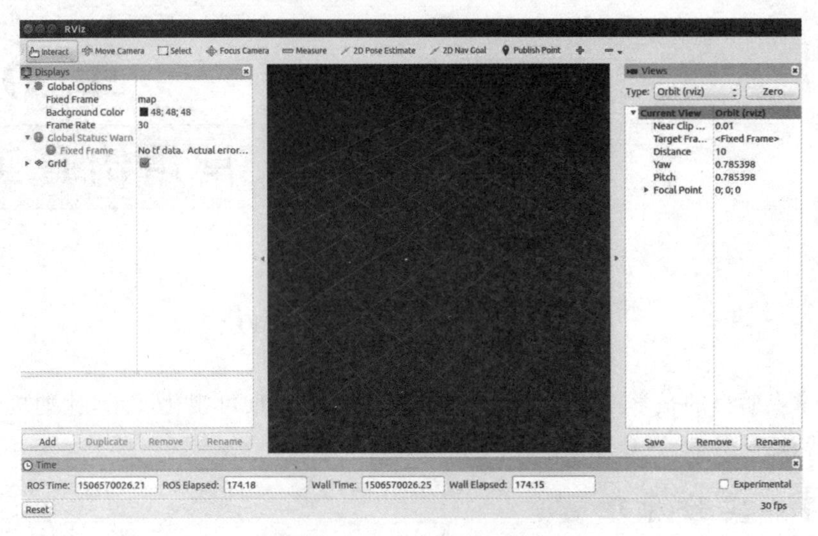

图 6.1　rviz 初始界面

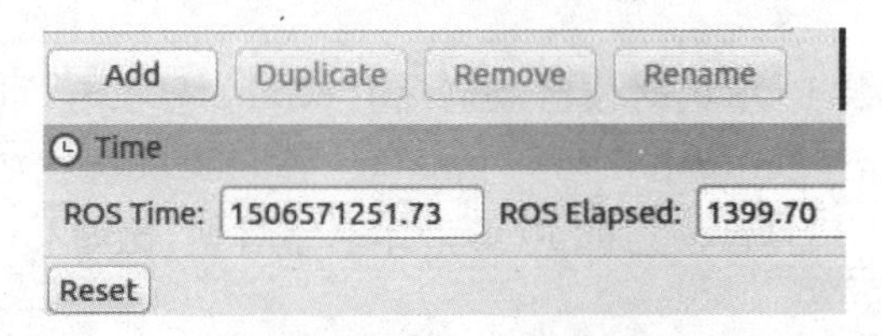

图 6.2　添加一个 Display

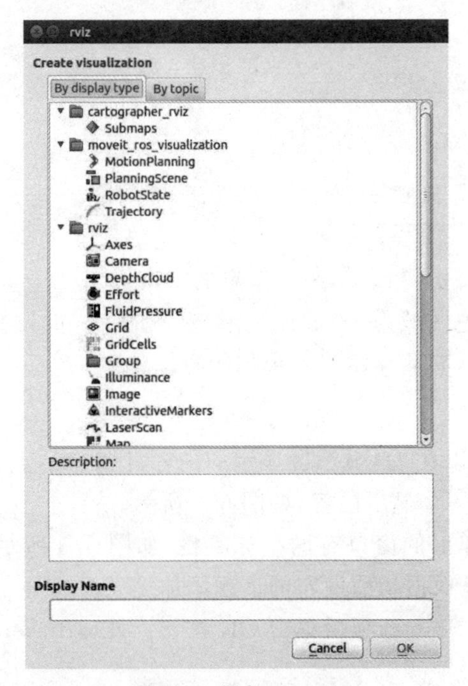

图 6.3　添加 Display

6.1.2 实验步骤

下面用 rviz 来显示激光雷达信息。

1. 启动激光雷达

打开一个终端,输入以下命令:

```
roslaunch rplidar_ros  rplidar.launch
```

2. 启动 rviz

在终端输入命令:

```
$ rviz
```

rviz 界面如图 6.4 所示。

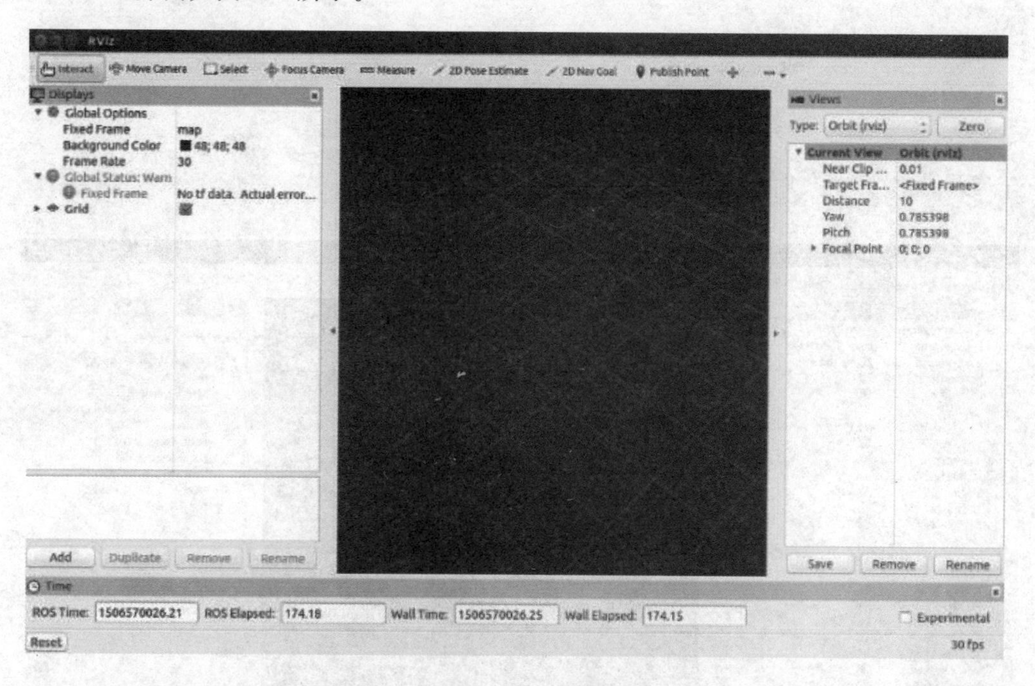

图 6.4 rviz 界面

3. 添加激光显示

单击 Add 按钮,弹出对话框之后,单击 By topic 菜单栏,然后选中/scan/LaserScan 选项,再单击 OK 按钮,如图 6.5 所示。

在 Display 栏中将 Global Option 中的 Fixed Frame 改为 laser_rada_Link(与启动的 launch 文件的 frame_id 相同);为了方便观察,可将 LaserScan 中的 Size 改为

0.05,则此时会在 rviz 中显示激光扫描到的信息,如图 6.6 所示。

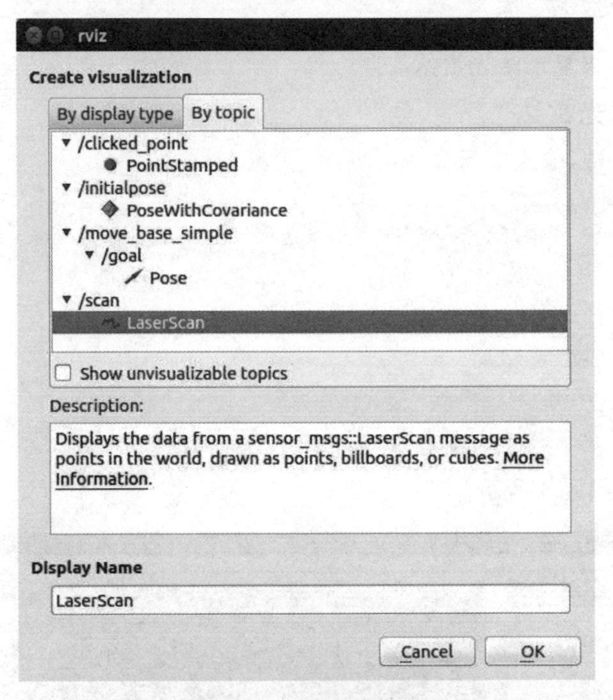

图 6.5　添加激光显示

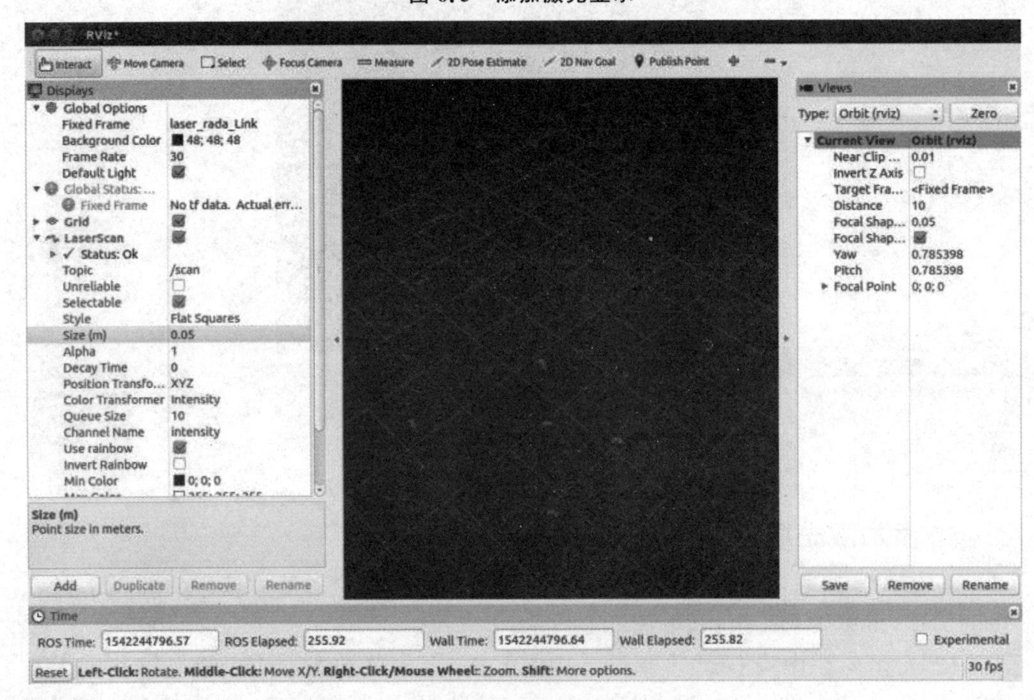

图 6.6　LaserScan

6.2 三维仿真 Gazebo

本实验中将学习如何在 rviz 中加载机器人模型,用手柄控制其移动,并显示二维激光雷达数据;学习如何在 Gazebo 中模拟机器人及二维激光雷达等传感器。

6.2.1 实验原理

1. 简　介

Gazebo 可以建立一个用来测试机器人的仿真场景,通过添加物体库,放入垃圾箱、雪糕桶甚至是人偶等物体来模仿现实世界,还可以通过 Building Editor,添加 2D 房屋设计图,在 2D 设计图的基础上构建出 3D 的房屋。

Gazebo 拥有一个很强大的传感器模型库,包括 camera,depth camera,laser,imu 等机器人常用的传感器,并且已经有模拟库,可以直接使用,用户也可以自己从零创建一个新的传感器,添加具体参数,甚至还可以添加传感器噪声模型,让传感器更加真实。

2. 代码包

代码包位置:~/bobac2_ws/src/bobac2_description。

3. launch 文件分析

launch 文件分析如下:

```
<launch>
<! -- include file = " $ (findgazebo_ros)/launch/willowgarage_world. launch" -->
  <argname = "world_name" value = " $ (find bobac2_description)/world/room. world"/>
  <include file = " $ (find gazebo_ros)/launch/empty_world. launch">
    <arg name = "world_name" value = " $ (arg world_name)" />   //加载 room. world
    <! -- arg name = "use_sim_time" value = "true"/ -->
</include>
    <param name = "robot_description" textfile = " $ (findbobac2_description)
    /urdf/gazebo_bobac2_description. urdf" />          //加载机器人模型
    <node name = "spawn_model" pkg = "gazebo_ros"   type = "spawn_model"
    args = " - param robot_description  - urdf  - model bobac2_description"
    output = "screen" />
    <node name = "joint_state_publisher"   pkg = "joint_state_publisher"
    type = "joint_state_publisher">
    //启动 joint_state_publisher 节点 ,发布机器人关节状态
    <param name = "rate" value = "50"/>
    </node>
    <node name = "robot_state_publisher"
    pkg = "robot_state_publisher" type = "state_publisher">
    //启动 robot_state_publisher 节点 ,发布 tf
```

```
    <param name="publish_frequency" type="double" value="50.0" />
    </node>
</launch>
```

6.2.2 实验步骤

1. 模拟 bobac 机器人移动

在 gazebo 中仿真 bobac 机器人的移动。运行以下命令：

```
$ roslaunch bobac2_description gazebo.launch
```

gazebo.launch 文件路径：~/bobac2_ws/src/bobac2_description/launch。

在三维空间中出现了 bobac 机器人的三维模型，同时也打开了三维信息显示软件 rviz，如图 6.7 所示。

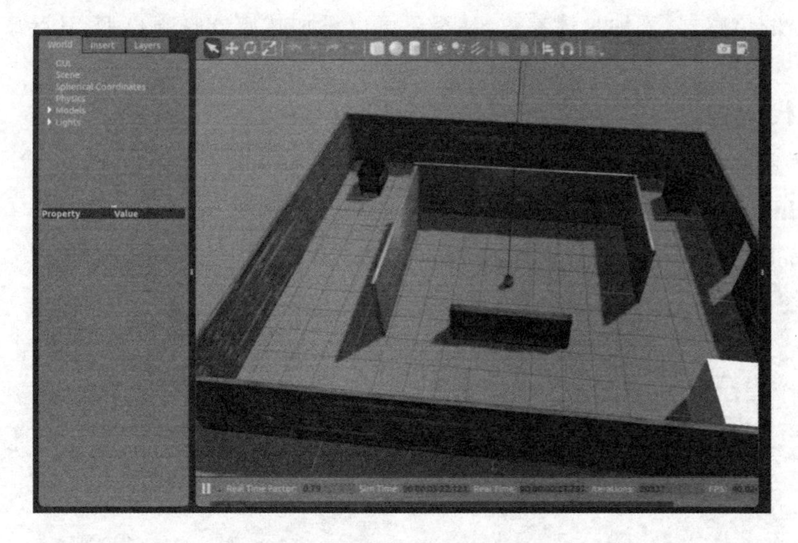

图 6.7　模拟 bobac 三维模型

此时将手柄的接收头插入主机，运行以下命令：

```
$ roslaunch bobac2_joy bobac2_joy.launch
```

若运行成功，可以用手柄控制虚拟车体在三维空间中的移动，如图 6.8 所示。

2. 查看传感器发布的信息

打开 rviz 界面，添加 LaserScan 选项，按照图 6.9 所示在 rviz 中添加机器人模型。

添加完成后，将 Global Options 中的 Fixed Frame 改为 odom，就可以看到传感器发布的信息。

```
/home/reinovo/bobac2_ws/src/bobac2_joy/launch/bobac2_joy.launch http://localhost:11
 * /bobac2_joy_node/axis_angular: 3
 * /bobac2_joy_node/axis_linear_x: 1
 * /bobac2_joy_node/axis_linear_y: 0
 * /bobac2_joy_node/linear_max: 0.5
 * /joy_node/deadzone: 0.12
 * /joy_node/dev: /dev/input/js0
 * /rosdistro: kinetic
 * /rosversion: 1.12.14

NODES
  /
    bobac2_joy_node (bobac2_joy/bobac2_joy_node)
    joy_node (joy/joy_node)

auto-starting new master
process[master]: started with pid [2264]
ROS_MASTER_URI=http://localhost:11311

setting /run_id to 82681218-e7b4-11e8-8fc6-8c705a053380
process[rosout-1]: started with pid [2277]
started core service [/rosout]
process[bobac2_joy_node-2]: started with pid [2280]
process[joy_node-3]: started with pid [2281]
```

图 6.8　手柄控制节点运行

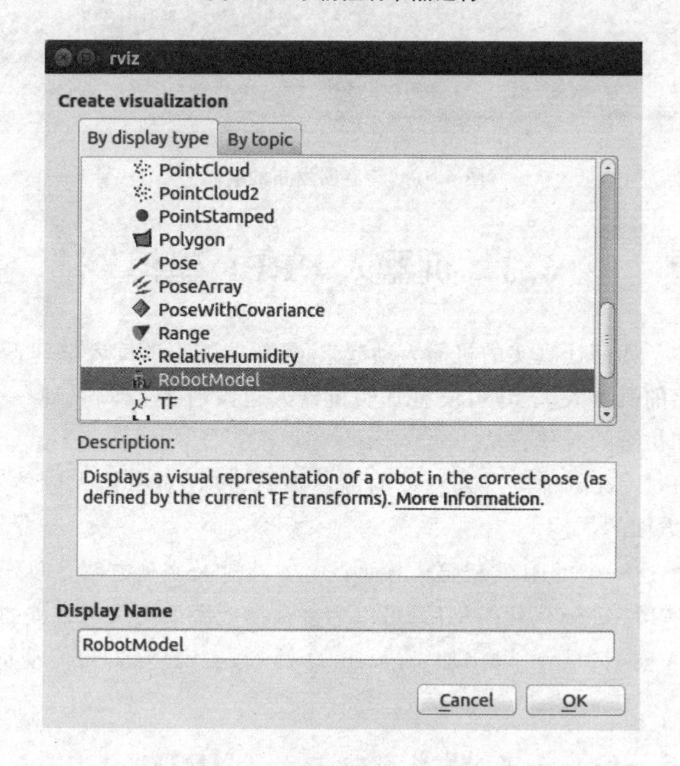

图 6.9　添加“Robot Model”

在示例中仿真了二维激光，如图 6.10 所示，线条为二维激光数据，此时可以用手柄控制机器人运动，观察 rviz 中信息的变化。

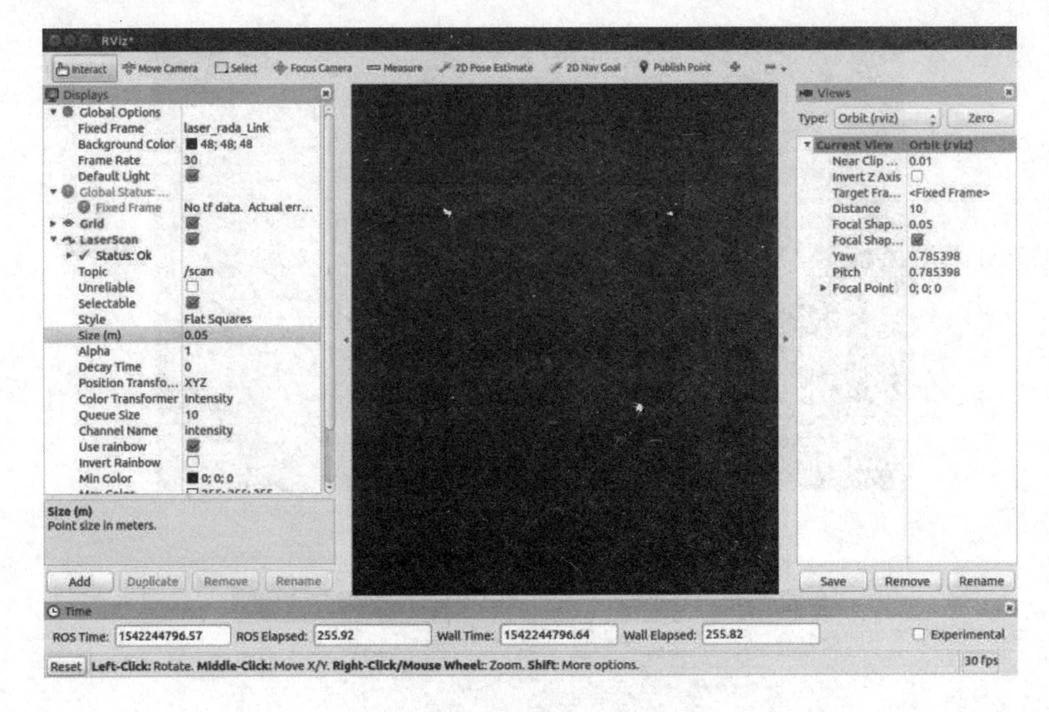

图 6.10　传感器发布的信息

6.3　机器人 URDF 建模

前两节学了如何让真实的机器人动起来，希望能够帮助读者整理思路，考虑如何设计一个自己的机器人。当然，没有真实机器人也没有关系，本节将一起学习 ROS 机器人建模和仿真的具体方法。

- URDF 是 ROS 中机器人模型的描述格式，包含对机器人刚体外观、物理属性、关节类等方面的描述。
- 学习创建一个 URDF 机器人模型的基本步骤及实现方法。
- 思考使用 xacro 优化模型后，可以为复杂模型添加更多可编程的功能。
- 机器人模型中还可以添加＜gazebo＞标签，实现传感器、传动机构等环节的仿真功能。

6.3.1　统一机器人描述格式——URDF

统一机器人描述格式（Unified Robot Description Format，URDF）是 ROS 中一个非常重要的机器人模型描述格式，ROS 同时也提供 URDF 文件的 C＋＋解析器，可以解析 URDF 文件中使用 XML 格式描述的机器人模型。

在使用 URDF 文件构建机器人模型之前，有必要先梳理一下 URDF 文件中常用的 XML 标签，对 URDF 有一个大概了解。

1. <link>标签

<link>标签用于描述机器人某个刚体部分的外观和物理属性，包括尺寸(size)、颜色(color)、形状(shape)、惯性矩阵(inertial matrix)、碰撞参数(collision properties)等。机器人的 link 结构一般如图 6.11 所示，其基本的 URDF 描述语法如下：

```
<link name = "<link name>">
  <inertial>....................</inertial>
    <visual>.................</visual>
      <collision>..............</collision>
</link>
```

<visual>标签用于描述机器人 link 部分的外观参数，<inertial>标签用于描述 link 的惯性参数；<collision>用于描述 link 的碰撞属性。由图 6.11 可以看出，检测碰撞的 link 区域大于外观可视的区域，这就意味着只要有其他物体与 collision 区域相交，就认为 link 发生碰撞。

2. <joint>标签

<joint>标签描述机器人关节的运动学和动力学属性，包括关节运动的位置和速度限制。根据关节运动形式，可以将其分为六种类型。

与人的关节一样，机器人关节的主要作用是连接两个刚体 link，这两个 link 分别称为 parent link 和 child link，如图 6.12 所示。

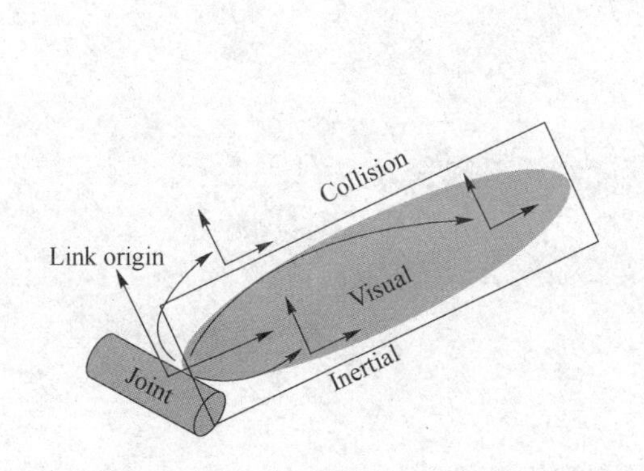

图 6.11 URDF 模型中的 link 结构

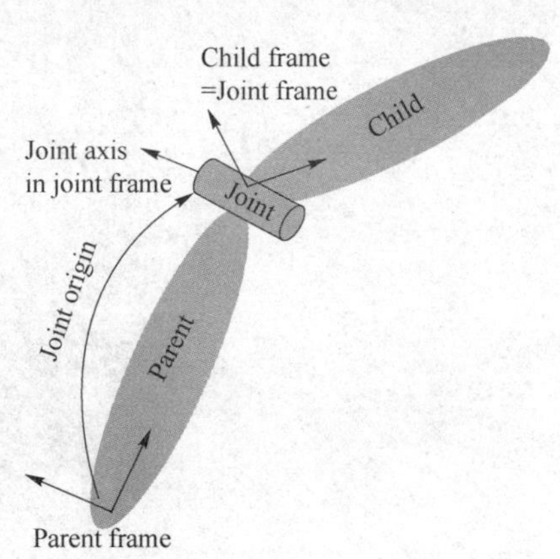

图 6.12 URDF 模型中的 joint

<joint>标签的描述语法如下：

```
<joint name = "<name of the joint>" >
  <parent link = "parent link"/>
  <child link = "child link"/>
  <calibration ..../>
  <dynamics damping ..../>
  <limit effort......../>
</joint>
```

其中必须指定joint的parent link和child link,还可以设置关节的其他属性。

- <calibration>:关节的参考位置,用来校准关节的绝对位置。
- <dynamics>:描述关节的物理属性,例如,阻尼值、物理静摩擦力等,经常在动力学仿真中用到。
- <limit>: 描述运动的一些极限值,包括关节运动的上下限位置、速度限制、力矩限制等。
- <mimic>:描述该关节与已有关节的关系。
- <safety_controller>:描述安全控制器参数。

3. <robot>标签

<robot>是完整机器人模型的最顶层标签。<link>和<joint>标签都必须包含在<robot>标签内。如图6.13所示,一个完整的机器人模型由一系列<link>和<joint>组成。

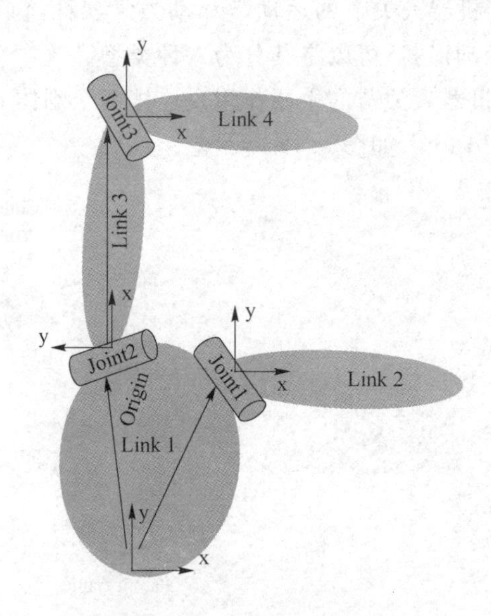

图6.13 URDF模型中的robot

<robot>标签内可以设置机器人的名称,其基本语法如下:

```
<robot name="<name of the robot>">
    <link> .......</link>
    <link> .......</link>
    <joint>... </joint>
    <joint>... </joint>
</robot>
```

本章后续内容还会通过实例继续深入讲解 URDF 文件中 XML 标签的使用方法。

6.3.2 创建 URDF 机器人模型

1. 创建机器人描述功能包

本书配套源码中已经包含了 mrobot_description 功能包,其中有创建好的机器人模型和配置文件,可以使用如下命令创建一个新的功能包。

```
$ catkin_create_pkg  mbot_description  urdf  xacro
```

mrobot_description 功能包中包含 urdf、meshes、launch、config 四个文件夹。

- urdf:存放机器人模型的 URDF 或 xacro 文件。
- meshes:放置 URDF 中引用的模型渲染文件。
- launch:保存相关启动文件。
- config:保存 rviz 的配置文件。

2. 创建 URDF 模型

在之前的学习中,已经大致了解了 URDF 模型中常用的标签和语法,接下来使用这些基本语法创建一个如图 6.14 所示的机器人模型。

图 6.14 所示机器人模型有 6 个 link 和 5 个 joint,6 个 link 包括 1 个机器人底盘、1 个左轮,1 个右轮、1 个前向轮、1 个后向轮、1 个激光雷达;5 个 joint 负责将左轮、右轮及两个万向轮安装到底板上,并设置相应的连接方式。

该模型文件 display_mbot_base_urdf. launch 的具体内容如下:

```
<launch>
<param name="robot description" textfile="$(find mbot description)/urdf/mbot base.urdf" />
<! -- 设置 GUI 参数,显示关节控制插件 -->
<param name="use gui" value="true" />
<! -- 运行 joint_state_publisher 节点,发布机器人的关节状态 -->
<node name="joint_state_publisher" pkg="joint_state_publisher"
type="joint_state_publisher"/>
<! -- 运行 robot state publisher 节点,发布 tf -->
<node name="robot_state_publisher" pkg="robot_state publisher" type="state publisher"/>
```

```
<! -- 运行 rviz 可视化界面_->
<nodename = "rviz" pkg = "rviz" type = "rviz" args = " - d
$ (find mbot_description)/config/mbot_urdf.rviz"required - "true"/
</launch>
```

joint_state_publisher：发布每个 joint(除 fixed 类型)的状态，而且可以通过 UI 界面对 joint 进行控制。

robot_state_publisher：将机器人各个 links、joints 之间的关系，通过 TF 的形式整理成三维姿态信息并发布。

了解了该模型文件 display_mbot_base_urdf. launch 的内容之后，接下来讲解创建机器人模型的具体步骤。

① 使用圆柱体创建一个车体模型，如图 6.15 所示，具体代码如下：

```
<? xml Version = "1.0?">
<robot name = "mbot">
  <link name = "base link">
    <visual>
      <origin xyz = "0 0 0" rpy = "0 0 0" />
      <geometry>
          <cylinder length = "0.16"radius = "0.20"/>
      </geometry>
      <material name = "yellow">
        <color rgba = "1 0.4 0 1"/>
      </material>
    </visual>
  </link>
</robot>
```

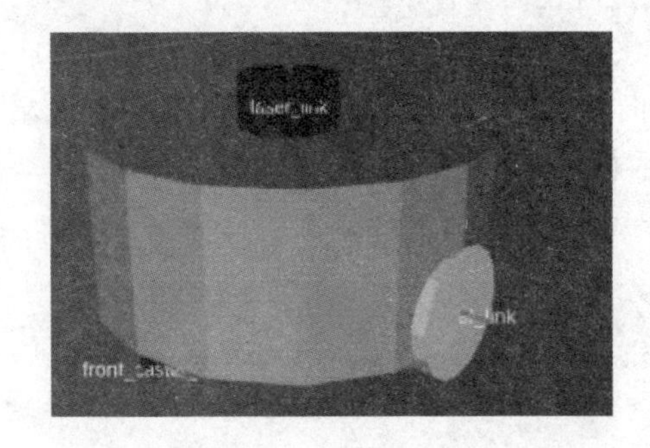

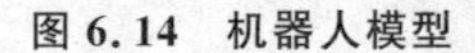

图 6.14　机器人模型　　**图 6.15　机器人车体**

② 使用圆柱体创建左侧车轮，如图 6.16(a)所示，具体代码如下：

```
<? xml Version = "1.0? >
<robot name = "mbot">
  <link name = "base link">
    <visual>
    <origin xyz = "0 0 0" rpy = "0 0 0" />
    <geometry>
      <cylinder length = "0.16"radius = "0.20"/>
    </geometry>
    <material name = "yellow">
    <color rgba = "1 0.4 0 1"/>
  </material>
  </visual>
  </link>

  <joint name = "left_wheel_joint" type = "continuous">
    <origin xyz = "0 0.19  - 0.05" rpy = "0 0 0"/>
    <parent link = "base_link"/>
      <child link = "left_wheel__link"/>
      <axis xyz = "0 1 0"/>
  </joint>
<link name = left__wheel__link">
  <visual>
    <origin xyz = "0 0 0" rpy = n1.5707 0 0" />
    <geometry>
      <cylinder radius = "0.06" length  =  "0.025n/>
     </geometry>
    <material name = "white">
      <color rgba = "1 1 1 0.9"/>
    </material>
  </visual>
</link>
</robot>
```

(a) 机器人左轮　　　　(b) 机器人右轮

图 6.16　机器人左轮和右轮

③ 使用圆柱体创建右侧车轮，如图 6.16(b)所示，具体代码如下：

```
<? xml Version = "1.0? >
<robot name = "mbot">

<link name = "base link">
  <visual>
    <origin xyz = "0 0 0" rpy = "0 0 0" />
    <geometry>
        <cylinder length = "0.16"radius = "0.20"/>
    </geometry>
    <material name = "yellow">
      <color rgba = "1 0.4 0 1"/>
    </material>
  </visual>
</link>

<joint name = "left_wheel_joint" type = "continuous">
  <origin xyz = "0 0.19  - 0.05" rpy = "0 0 0"/>
  <parent link = "base_link"/>
  <child link = "left_wheel__link"/>
  <axis xyz = "0 1 0"/>
</joint>

<link name = left__wheel__link">
    <visual>
    <origin xyz = "0 0 0" rpy = n1.5707 0 0" />
    <geometry>
        <cylinder radius = "0.06" length  =  "0.025n/>
     </geometry>
    <material name = "white">
      <color rgba = "l 1 1 0.9"/>
    </material>
  </visual>
</link>
</robot>

<joint name = "right wheel joint" type = "continuous">
    <origin xyz = "0  - 0.19  - 0.05" rpy = "00 0"/>
    <parent link = "base 1ink"/>
    <child link = "right wheel link"/>
    <axis xyz = "0 1 0" />
    </joint>

<link name = "right_wheel link">
```

```
        <visual>
        <origin xyz = "0 0 0" rpy = "1.5707 0 0" />
        <geometry>
            <cylinder radius = "0.06" length = "0.025"/>
        </geometry>
        <material name = "white">
            <color rgba = "1 1 1 0.9"/>
        </material>
        </visual>
      </link>
</robot>
```

④ 使用球体创建前后支撑轮，如图 6.17 所示，具体代码如下：

```
    <joint name = "front caster joint" type = "continuous">
        <origin xyz = "0.18 0 -0.095" rpy = "0 0 0"/>
        <parent link = "base link" />
        <child link = "front caster link"/>
        <axis xyz = "0 1 0"/>
    </joint>

      <link name = "front caster link">
        <visual>
          <origin xyz = "0 0 0" rpy = "0 0 0"/>
          <geometry>
            <sphere radius = "0.015"/>
          </greometry>
        <material name = "black">
            <color rgba = "0 0 0 0.95"/>
        </material>
      </visual>
    </link>

    <joint name = "back caster joint" type = "continuous">
        <origin xyz = "-0.18 0 -0.095" rpy = "0 0 0"/>
        <parent link = "base link"/>
        <child link = "back caster link"/>
        <axis xyz = "0 1 0"/>
    </joint>

    <link name = "back_caster link">
      <visual>
        <origin xyz = "0 0 0" rpy = "0 0 0"/>
        <geometry>
```

```
        <sphere radius = "0.015" />
    </geometry>
    <material name = "black">
        <color rgba = "0 0 0 0.95"/>
    </material>
  </visual>
</link>
```

⑤ 使用圆柱体创建激光雷达,如图 6.18 所示,具体代码如下:

```
<link name = "laser_link">
    <visual>
        <origin xyz = " 000" rpy = "0 0 0" />
        <geometry>
            <cylinder length = "0.05" radius = "0.05"/>
        </geometry>
          <material name = "black/>
    </visual>
</link>

<joint name = "laser joint" type = "fixed">
      <origin xyz = "0 0 0.105" rpy = "0 0 0"/>
      <parent link = ubase link"/>
    <child link = "laser_link"/>
</joint>
```

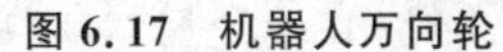

图 6.17 机器人万向轮

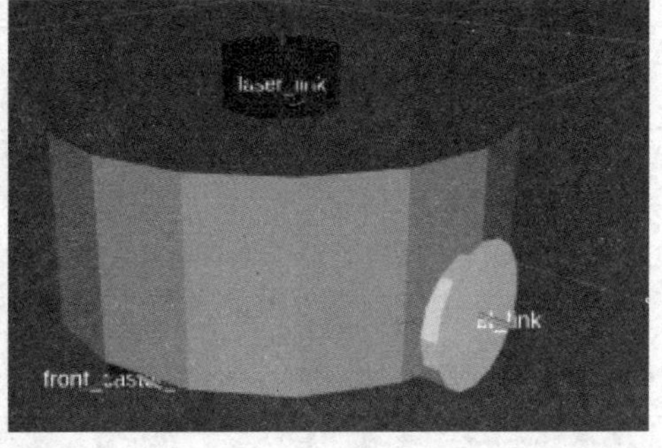

图 6.18 机器人激光雷达

现在一个简单的机器人模型已经创建完成,仿真是系统开发中重要的步骤,学习完本章内容后,即可了解如何使用 URDF 文件创建一个机器人模型,并能够使用 xacro 文件优化该模型,以实现丰富的 ROS 功能。

6.4 本章习题

1. 参考本章机器人 URDF 模型,创建如图 6.19 所示的机器人模型。

图 6.19 机器人模型

2. 简述 rviz 和 gazebo 的不同点?
3. 用手柄控制仿真机器人时应该用哪两条指令?

第 7 章

机器人人体跟踪

本章实验目的是利用 OpenNI2＋NiTE2 操控 orbbec astra pro 相机，并通过使用 API 函数来实现人体的跟踪。

7.1 实验原理

7.1.1 程序包

程序包位置：home/reinovo/bobac2_ws/src/bobac2_follow。

7.1.2 节点通信图

本实验中需要四个节点，如图 7.1 所示的 skeleton_track 节点负责从图像中检测人体，并发布人体的位置话题，bobac2_follow 节点计算出车体的控制量，并发布控制量话题，bobac2_kinematics 和 bobac2_base_node 节点执行运动信息。

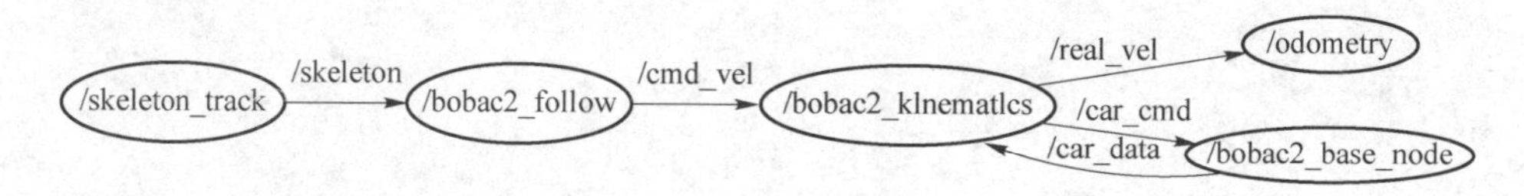

图 7.1 节点通信图

话题与节点分析：

skeleton_track 节点向 bobac2_follow 节点发送相机捕捉到的位置话题 /skeleton，bobac2_follow 节点向 bobac2_kinematics 节点发送车体速度控制话题 /cmd_vel，bobac2_kinmatics 节点向 bobac2_base_node 发送逆解后的电机转速控制话题/car_cmd，机器人根据/car_cmd 信息控制车体运动。

7.1.3 源码文件分析

1. 骨骼跟踪源码文件位置

骨骼跟踪源码文件位置：/bobac2_ws/src/skeleton_track/src，该文件夹中有四个文件，分别为：orbbec_camera. h，orbbec_camera. cpp，skeleton_track. cpp 和 skeleton_track_wrapper. cpp。其中，orbbec_camera. h 为人体识别追踪的头文件，主要是进行全局变量定义以及函数声明等；orbbec_camera. cpp 是相机的 api 函数，是相机显示图像的程序；

skeleton_track. cpp 文件发布相关信息：配准图像(reg_image)、骨骼图像(skeleton_image)、用户图像(user_image)、深度图像(depth_image)及目标位置(posistion_info)；"skeleton_track_wrapper. cpp"将骨骼跟踪与 ROS 结合。具体代码如下：

skeleton_track. h(骨骼跟踪头文件，skeleton_track/include/文件夹下)

```
#ifndef __SKELETON_TRACK_H
#define __SKELETON_TRACK_H
#include "orbbec_camera.h"
#include "NiTE2/NiTE.h"
#include "boost/thread.hpp"
#include "boost/bind.hpp"
#include "boost/thread/mutex.hpp"

class sk_exception:public std::exception
{
public:
    explicit sk_exception(std::string error):m_errString(error) {}
    virtual const char * what()    {
        return m_errString.c_str();
    }
    virtual ~sk_exception()throw() {}
private:
    std::string m_errString;
};
/ * * \brief 人体骨骼识别与跟踪
class Skeleton_Track
{
public:
    Skeleton_Track(Orbbec_Camera * cam);
    ~Skeleton_Track();
    bool start_track();
    bool stop_track();
    bool is_tracking()    {
        return m_isTracking;
    }
    vector<cv::Point3f> get_skeleton_point3f(nite::Skeleton skeleton);
    vector<cv::Point3f> get_skeleton_point3f()    {
        return get_skeleton_point3f(m_skeleton);
    }
    vector<cv::Point2f> convert_3fto2f(vector<cv::Point3f> vec_point3f);
    void draw_skeleton(vector<cv::Point2f> vec_point2f, Mat& img);
    bool m_isTracking;
    vector<double> vec_confidence;
private:
    nite::UserTracker m_userTracker;
```

```
    boost::thread m_track_thread;
    Orbbec_Camera * m_cam;
    nite::Skeleton m_skeleton;
    void track();
};
#endif // __SKELETON_TRACK_H

skeleton_track.cpp

#include "skeleton_track.h"
Skeleton_Track::Skeleton_Track(Orbbec_Camera * cam)
{
    m_cam = cam;
    nite::Status res = nite::NiTE::initialize();
    if (res != nite::STATUS_OK){
        throw sk_exception("nite Initialize failed");
    }
    m_userTracker.create(cam->get_device());
}
Skeleton_Track::~Skeleton_Track(){
    m_userTracker.destroy();
    nite::NiTE::shutdown();
}
bool Skeleton_Track::start_track() //开始骨骼跟踪
{
    m_track_thread = boost::thread(boost::bind(&Skeleton_Track::track, this));

}
bool Skeleton_Track::stop_track()//停止骨骼跟踪
{
    m_track_thread.interrupt();
    m_track_thread.join();
}
void Skeleton_Track::track(){
    nite::UserTrackerFrameRef  curr_userFrame;
    m_isTracking =  false;
    int counter = 5;
    while(true) {
        boost::this_thread::interruption_point();
        double exec_time = (double)getTickCount();
        if (m_userTracker.readFrame(&curr_userFrame) != nite::STATUS_OK) {
            cout << "read frame failed and instead of the last one" << endl;
        };
        const nite::Array<nite::UserData>& AllUsrs = curr_userFrame.getUsers();
        for(int i = 0; i < AllUsrs.getSize()&&AllUsrs.getSize()>=1; ++i) {
            const nite::UserData& cUsr = AllUsrs[i];
```

```
        if(! m_isTracking) {
            if  (cUsr.isNew()) {
                m_userTracker.startPoseDetection( cUsr.getId(), nite::POSE_PSI );//为新的
                //用户建立检测姿态,当用户作出投降姿态时,启动跟踪;
            } else {
                const nite::PoseData& poseData = cUsr.getPose(nite::POSE_PSI);
                if(poseData.getType() == nite::POSE_PSI/ * *<投降姿态 */ && poseData.isHeld
                ()/ * *< 跟踪成功 */) {
                        m_userTracker.startSkeletonTracking(cUsr.getId());//启动骨骼跟踪
                        m_isTracking = true;
                }
            }
        } else {
                m_userTracker.startPoseDetection( cUsr.getId(), nite::POSE_CROSSED_HANDS
                ); //检测到 POSE_CROSSED_HANDS(手臂交叉)时,停止骨骼跟踪
            const nite::PoseData& poseData = cUsr.getPose(nite::POSE_CROSSED_HANDS);
            if(poseData.getType() == nite::POSE_CROSSED_HANDS && poseData.isHeld() ) {
                m_userTracker.stopSkeletonTracking(cUsr.getId());//停止骨骼跟踪
                m_isTracking = false;
            }
            /*获取跟踪关节*/
            if (cUsr.isVisible()) {
                const nite::Skeleton& cSkeleton = cUsr.getSkeleton();
                if( cSkeleton.getState() == nite::SKELETON_TRACKED) {
                    m_skeleton = cSkeleton;
                    counter = 5;
                    double fp = 1/(((double)getTickCount() - exec_time)*1000./getTickFre-
                    quency()/1000);
                    cout << "track fps: " << fp << endl;
                }
            } else {
                counter--;
                if (! counter) {
                    m_userTracker.stopSkeletonTracking(cUsr.getId());
                    m_isTracking = false;
                    continue;
                }
            }
            if(cUsr.isLost()) {
                m_userTracker.stopSkeletonTracking(cUsr.getId());
                m_isTracking = false;
            }
        }
    }//end for
}
```

```
}
vector<cv::Point3f> Skeleton_Track::get_skeleton_point3f(nite::Skeleton skeleton) //获取三维坐标
{
    vector<cv::Point3f> vec_points;
    if(skeleton.getState() != nite::SKELETON_TRACKED ) return vec_points;
    vector<nite::SkeletonJoint> vec_joints;
    vec_points.resize(15);
    vec_joints.resize(15);
    vec_confidence.resize(15);

    /*获取关节点信息*/
    vec_joints[0] = skeleton.getJoint( nite::JOINT_HEAD );
    vec_joints[1] = skeleton.getJoint( nite::JOINT_NECK );
    vec_joints[2] = skeleton.getJoint( nite::JOINT_LEFT_SHOULDER );
    vec_joints[3] = skeleton.getJoint( nite::JOINT_RIGHT_SHOULDER );
    vec_joints[4] = skeleton.getJoint( nite::JOINT_LEFT_ELBOW );
    vec_joints[5] = skeleton.getJoint( nite::JOINT_RIGHT_ELBOW );
    vec_joints[6] = skeleton.getJoint( nite::JOINT_LEFT_HAND );
    vec_joints[7] = skeleton.getJoint( nite::JOINT_RIGHT_HAND );
    vec_joints[8] = skeleton.getJoint( nite::JOINT_TORSO );
    vec_joints[9] = skeleton.getJoint( nite::JOINT_LEFT_HIP );
    vec_joints[10] = skeleton.getJoint( nite::JOINT_RIGHT_HIP );
    vec_joints[11] = skeleton.getJoint( nite::JOINT_LEFT_KNEE );
    vec_joints[12] = skeleton.getJoint( nite::JOINT_RIGHT_KNEE );
    vec_joints[13] = skeleton.getJoint( nite::JOINT_LEFT_FOOT );
    vec_joints[14] = skeleton.getJoint( nite::JOINT_RIGHT_FOOT );

    for(int i=0; i< vec_joints.size(); i++) {
        nite::Point3f p = vec_joints[i].getPosition();
        vec_points[i] = cv::Point3d(p.x, p.y, p.z);
        vec_confidence[i] = vec_joints[i].getPositionConfidence();
    }

    return vec_points;
}

vector<cv::Point2f> Skeleton_Track::convert_3fto2f(vector<cv::Point3f> vec_point3f)
//三维转化为二维坐标
{
    vector<cv::Point2f> vec_point2f;
    for( int  i = 0; i < vec_point3f.size(); ++ i ) {
        float x, y;
        m_userTracker.convertJointCoordinatesToDepth( vec_point3f[i].x, vec_point3f[i].y, vec_
point3f[i].z, &x, &y);//将关节信息转化为深度图像
        vec_point2f.push_back(cv::Point2f(x,y));
```

```
    }
    return vec_point2f;
}

void Skeleton_Track::draw_skeleton(vector<cv::Point2f> vec_point2f, Mat& src)
//为识别到的关节添加颜色
{
    if(! vec_point2f.size())
        throw sk_exception("no skeleton points");
    if(src.empty()) src = Mat(424, 512, CV_8UC3, cv::Scalar::all(0));
    if(src.channels() == 1) cvtColor(src, src, COLOR_GRAY2BGR);
    cv::line(src, vec_point2f[ 0], vec_point2f[ 1], cv::Scalar( 255, 0, 0 ), 3 );
    cv::line(src, vec_point2f[ 1], vec_point2f[ 2], cv::Scalar( 255, 0, 0 ), 3 );
    cv::line(src, vec_point2f[ 1], vec_point2f[ 3], cv::Scalar( 255, 0, 0 ), 3 );
    cv::line(src, vec_point2f[ 2], vec_point2f[ 4], cv::Scalar( 255, 0, 0 ), 3 );
    cv::line(src, vec_point2f[ 3], vec_point2f[ 5], cv::Scalar( 255, 0, 0 ), 3 );
    cv::line(src, vec_point2f[ 4], vec_point2f[ 6], cv::Scalar( 255, 0, 0 ), 3 );
    cv::line(src, vec_point2f[ 5], vec_point2f[ 7], cv::Scalar( 255, 0, 0 ), 3 );
    cv::line(src, vec_point2f[ 1], vec_point2f[ 8], cv::Scalar( 255, 0, 0 ), 3 );
    cv::line(src, vec_point2f[ 8], vec_point2f[ 9], cv::Scalar( 255, 0, 0 ), 3 );
    cv::line(src, vec_point2f[ 8], vec_point2f[10], cv::Scalar( 255, 0, 0 ), 3 );
    cv::line(src, vec_point2f[ 9], vec_point2f[11], cv::Scalar( 255, 0, 0 ), 3 );
    cv::line(src, vec_point2f[10], vec_point2f[12], cv::Scalar( 255, 0, 0 ), 3 );
    cv::line(src, vec_point2f[11], vec_point2f[13], cv::Scalar( 255, 0, 0 ), 3 );
    cv::line(src, vec_point2f[12], vec_point2f[14], cv::Scalar( 255, 0, 0 ), 3 );
    for(int i = 0; i < vec_point2f.size() - 1; i++ ) {
        if(vec_confidence[i]>0.6)
            cv::circle(src, vec_point2f[i], 3, cv::Scalar(0, 255, 0), 2);
        else cv::circle(src, vec_point2f[i], 3, cv::Scalar(0, 0, 255), 2);
    }
    vec_confidence.clear();
}

skeleton_track_wrapper.cpp

#include "ros/ros.h" //ros 头文件
#include "sensor_msgs/Image.h" //image 消息头文件
#include "image_transport/image_transport.h" //本地图片转化 ros 格式图片的头文件
#include "cv_bridge/cv_bridge.h"//ros 格式图片转化 opencv 格式的头文件
#include "opencv2/opencv.hpp" //opencv 头文件
#include "skeleton_track.h" //骨骼跟踪头文件
#include "signal.h" //处理运行时异常的头文件
#include "bobac2_msgs/skeleton.h" //骨骼跟踪消息头文件

bool flag = true;
void sigfunc(int sig)
```

```
{
flag = false;
}
int main(int argc, char * * argv)
{
    signal(SIGINT, sigfunc); //当信号 SIGINT 出现时,调用 sigfunc 函数
    ros::init(argc, argv, "skeleton_track");//初始化节点
    ros::NodeHandle nh;//ros 节点句柄
    image_transport::ImageTransport it_depth(nh), it_sk(nh); //image_transport 节点句柄
    image_transport::Publisher depth_pub = it_depth.advertise("depth_image", 10); //创建发布
    //者,发布话题 deoth_image
    image_transport::Publisher sk_img_pub = it_sk.advertise("skeleton_image", 10);//创建发布
    //者,发布话题 skeleton_image
    ros::Publisher sk_data_pub = nh.advertise<bobac2_msgs::skeleton>("skeleton", 10);
    //创建发布者,发布话题 skeleton 上的 bobac2_msgs::skeleton 类型的消息
    Orbbec_Camera cam;//实例化一个对象
    Skeleton_Track track(&cam); //实例化一个对象
    namedWindow("image"); //创建窗口的作用域
    startWindowThread();
    track.start_track();
    ros::Rate loop(20);
    while(ros::ok() && flag ) {
        Mat depth = cam.getDepthImage();//获取深度图像信息
        sensor_msgs::ImagePtr img_depth; //初始化消息对象
        std_msgs::Header imgHeader;//初始化消息对象
        imgHeader.frame_id = "orbbec_depth_frame";
        imgHeader.stamp = ros::Time::now();
        img_depth = cv_bridge::CvImage(imgHeader,sensor_msgs::image_encodings::MONO16, depth).
        toImageMsg();//ROS 的数据格式转为 Opencv 可以使用的数据格式
        depth_pub.publish(img_depth);//发布深度图像信息
        Mat img;
        depth.convertTo(img, CV_8U, 0.05); //img 矩阵转化为 CV_8U 类型
        if (! track.is_tracking()) {//未识别跟踪骨骼
            imshow("image", img);//在 image 上显示图像
            waitKey(30);
            continue;
        }
        vector<cv::Point3f> points = track.get_skeleton_point3f();
        if(points.size()) {
            bobac2_msgs::skeleton sk_msg;//创建消息对象
            sk_msg.header.frame_id = "skeleton_frame";
            sk_msg.joints.resize(15);
            for(int i = 0; i<sk_msg.joints.size(); i++) { //各个关节的坐标
                sk_msg.joints[i].joint_position.x = points[i].x;
                sk_msg.joints[i].joint_position.y = points[i].y;
                sk_msg.joints[i].joint_position.z = points[i].z;
```

```
                sk_msg.joints[i].confidence = track.vec_confidence[i];
            }
        /*为识别到的关节命名*/
            sk_msg.joints[0].joint_name = "head";
            sk_msg.joints[1].joint_name = "neck";
            sk_msg.joints[2].joint_name = "left_shoulder";
            sk_msg.joints[3].joint_name = "right_shoulder";
            sk_msg.joints[4].joint_name = "left_elbow";
            sk_msg.joints[5].joint_name = "right_elbow";
            sk_msg.joints[6].joint_name = "left_hand";
            sk_msg.joints[7].joint_name = "right_hand";
            sk_msg.joints[8].joint_name = "torso";
            sk_msg.joints[9].joint_name = "left_hip";
            sk_msg.joints[10].joint_name = "right_hip";
            sk_msg.joints[11].joint_name = "left_knee";
            sk_msg.joints[12].joint_name = "right_knee";
            sk_msg.joints[13].joint_name = "left_foot";
            sk_msg.joints[14].joint_name = "right_foot";

            sk_data_pub.publish(sk_msg);//发布消息

            track.draw_skeleton(track.convert_3fto2f(points), img);
            //给识别到的骨骼上色
            sensor_msgs::ImagePtr img_sk; //创建消息对象
            std_msgs::Header imgHeader;
            imgHeader.frame_id = "orbbec_depth_frame";
            imgHeader.stamp = ros::Time::now();
            img_sk = cv_bridge::CvImage(imgHeader, sensor_msgs::image_encodings::MONO8, img).
            toImageMsg();//将本地图像转化为 ROS 格式
            depth_pub.publish(img_sk);//发布图像消息
        }
        imshow("image", img); //在 image 上显示图像
        waitKey(30);
        loop.sleep();
    }
    track.stop_track();
    return 0;
}
```

2. 人体跟随源码文件位置

人体跟随源码文件位置：/bobac2_ws/src/bobac2_follow/src。

bobac2_follow_node.cpp 分析如下

```
#include "ros/ros.h" //ros 头文件
#include "bobac2_msgs/skeleton.h" //skeleton 消息头文件
```

```
#include "bobac2_msgs/joint.h" //关节消息头文件
#include "geometry_msgs/Twist.h" //速度指令消息头文件
#define MIN_DISTANCE 1700 //与人体的最小距离,单位毫米
double threshold = 0.5;
double target_x = 0, target_y = 0, target_z = 0;
void callback(const bobac2_msgs::skeleton::ConstPtr& msg)//回调函数
{
    double x = 0, y = 0, z = 0;
    int counter = 0;
    for(int i = 0; i< msg->joints.size(); i++) {
    if(msg->joints[i].confidence > threshold) {
            x += msg->joints[i].joint_position.x;
            y += msg->joints[i].joint_position.y;
            z += msg->joints[i].joint_position.z;
            counter += 1;
        }
    }
    x /= counter;
    y /= counter;
    z /= counter;

    target_x = x;
    target_y = y;
    target_z = z;
}

int main(int argc, char ** argv)
{
    ros::init(argc, argv, "bobac2_follow");//初始化节点
    ros::NodeHandle nh;//节点句柄
    ros::Subscriber sub = nh.subscribe<bobac2_msgs::skeleton>("skeleton",10, callback);//创
    建订阅者,订阅话题 skeleton 上 bobac2_msgs::skeleton 类型的消息,注册回调函数 callback
    ros::Publisher pub = nh.advertise<geometry_msgs::Twist>("cmd_vel", 10);//创建发布者,发
    布话题 cmd_vel 上 geometry_msgs::Twist 类型的消息
    geometry_msgs::Twist twist;//创建一个消息对象
    ros::Rate loop(10);//设置循环频率
    while(ros::ok()) {
        /* 以机器人为原点坐标,z 方向指向前面 */
    if(target_z > MIN_DISTANCE) { //如果机器人与目标人体的距离大于 1.7 米
            twist.linear.x = target_z/10000 * 0.7;//给机器人 x 方向的线速度
    } else {//如果距离等于或小于 1.7 米
            twist.linear.x = 0;//机器人停止
    }
    if(fabs( atan2(target_x, target_z) ) < 0.01) { //fabs()函数作用为取绝对值,如果正对目标人
    体时(误差 0.01 以内)
            twist.angular.z = 0;//方向不转动
```

```
    } else {//机器人没有正对目标人体
            twist.angular.z = atan2(target_x,target_z) * 2.3; //给机器人角速度以调整方向
    }
    pub.publish(twist);//发布速度指令消息

    /* 重置速度指令,防止目标丢失时,机器人继续移动 */
    twist.linear.x = 0;
    twist.linear.y = 0;
    twist.angular.z = 0;
    loop.sleep();//休眠一段时间
    ros::spinOnce();//循环调用回调函数
    }

    return 0;
}
```

7.1.4 launch 文件分析

launch 文件位置:/bobac2_ws/src/bobac2_follow/launch/ bobac2_follow.launch。launch 文件分析如下:

```
<launch>
    <include file = " $(find bobac2_base)/launch/bobac2_base.launch" />
    //打开底盘控制节点
    <include file = " $(find skeleton_track)/launch/skeleton_track.launch" />
    //打开骨骼跟踪节点
    <node pkg = "bobac2_follow" type = "bobac2_follow_node"   name = "bobac2_follow/>
    //打开人体跟踪节点
</launch>
```

7.2 实验步骤

终端输入以下命令,运行 bobac2_follow 节点。

```
$ roslaunch bobac2_follow bobac2_follow.launch
```

运行结果如图 7.2 和图 7.3 所示。

在相机约两 m 的距离下慢慢走动,等待人体被检测出,然后机器人将会跟随走动(由于运动中识别人体,该程序的抗干扰能力会比较差,请在单一环境下测试)。

```
started roslaunch server http://Bobac:38637/

SUMMARY
========

PARAMETERS
 * /bobac2_kinematics/kinematics_mode: 2
 * /bobac2_kinematics/max_vth: 2.0
 * /bobac2_kinematics/max_vx: 0.3
 * /bobac2_kinematics/max_vy: 0.4
 * /bobac2_kinematics/wheel_radius: 0.068
 * /bobac2_kinematics/wheel_separation: 0.32374
 * /rosdistro: kinetic
 * /rosversion: 1.12.14

NODES
  /
    bobac2_base_node (bobac2_base/bobac2_base_node)
    bobac2_follow (bobac2_follow/bobac2_follow_node)
    bobac2_kinematics (bobac2_kinematics/bobac2_kinematics_node)
    odometry (bobac2_kinematics/odometry_node)
    skeleton_track (skeleton_track/skeleton_track_node)

auto-starting new master
process[master]: started with pid [3683]
ROS_MASTER_URI=http://localhost:11311

setting /run_id to 348a6bda-e7e7-11e8-be8a-8c705a053380
process[rosout-1]: started with pid [3696]
started core service [/rosout]
process[bobac2_base_node-2]: started with pid [3703]
process[bobac2_kinematics-3]: started with pid [3714]
[ INFO] [1542184084.730223899]: scaning available port
process[odometry-4]: started with pid [3715]
[ INFO] [1542184084.745356859]: available prot: /dev/ttyS0
[ INFO] [1542184084.746529671]: kinematics_mode = 2
[ INFO] [1542184084.748151650]: wheel_radius = 0.068
[ INFO] [1542184084.749024091]: wheel_separation = 0.32374
process[skeleton_track-5]: started with pid [3725]
[ INFO] [1542184084.751438708]: max_vx = 0.3
[ INFO] [1542184084.752888261]: max_vy = 0.4
[ INFO] [1542184084.757577267]: max_vth = 2
process[bobac2_follow-6]: started with pid [3744]
```

图 7.2　bobac2_follow 节点运行

图 7.3　人体骨骼识别

7.3 本章习题

1. 机器人人体跟踪实验最常见的故障是什么？如何解决？
2. 画出机器人人体跟踪的节点通信图。
3. 机器人人体跟踪实验需要的节点有哪些？请具体写出。
4. 机器人人体跟踪实验需要打开机器人底盘终端指令吗？为什么？

第 8 章

机器人 SLAM 地图构建和自主导航

机器人技术的迅猛发展,促使机器人逐渐走进了人们的生活。服务型室内机器人得到了广泛地关注,但室内机器人的普及还存在许多待解决的问题,定位与导航就是其中的关键问题之一。在这类问题的研究中,需要把握三个重点问题:一是地图精确建模;二是机器人准确定位;三是路径实时规划。在近几十年的研究中,对以上三个重点问题提出了多种有效的解决方法。

室外定位与导航可以使用 GPS,但在室内的定位与导航就变得比较复杂。为了实现室内的定位定姿,一大批技术不断涌现,其中 SLAM 技术逐渐脱颖而出。SLAM(Simultaneous localization and mapping,及时定位与地图构建),作为一种基础技术,从最早的军事用途到今天的扫地机器人,吸引了一大批研究者和爱好者,同时也使得这项技术逐步走入普通消费者的视野。

使用 ROS 实现机器人的 SLAM 和自主导航等功能是非常方便的,因为有较多现成的功能包可供开发者使用,如 gmapping、hector_slam、cartographer 、move_base amcl 等。本章将学习 SLAM 功能包的使用方法,并使用仿真环境和真实机器人实现这些功能。

8.1 机器人 SLAM 建图实验原理

8.1.1 算法和依赖安装

ros - kinetic - slam - gmapping 是 ROS 平台激光 SLAM 算法之一,在使用 bobac 机器人做地图构建前要安装该算法。终端输入命令:$ sudo apt - get install ros - kinetic - slam - gmapping 进行 slam 算法安装;

rrt_exploration 是快速探索随机巡墙自主建图算法(bobac 机器人中已有),需要下载时,可在终端进入~/bobac2_ws/src 文件夹下输入命令:

```
$ git  clone https://github.com/hasauino/rrt_exploration.git
```

ros - kinetic - navigation 是 ROS 平台导航所必需的,在使用 rrt_exploration 自主建图时需要先安装该包。终端输入命令:

$ sudo apt - get install ros - kinetic - navigation 进行安装;

运行 rrt_exploration 时,需要在终端输入以下指令,安装依赖。

```
$ sudo apt-get install python-opencv  python-numpy  python-scikits-learn
```

8.1.2 程序包

程序包位置:/bobac2_ws/src/bobac2_slam。

8.1.3 SLAM 仿真

1. 节点通信图

gmapping slam 仿真节点通信图见 8.1。

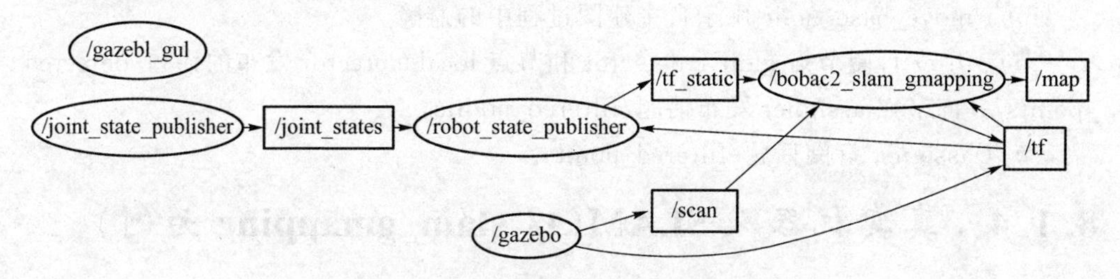

图 8.1 gmapping slam 仿真节点通信图

2. 节点与话题分析

(1) gmapping slam 仿真

gmapping slam 仿真节点与话题分析如下。

节点 joy_node 为手柄驱动节点,发布手柄触发的原始数据。

节点 gazebo 订阅来自节点/bobac2_joy_node 的话题/cmd_vel,并向节点 bobac2_slam_gmapping 发布激光话题 /scan 和坐标系转换关系话题 /tf。

节点 joint_state_publisher 向 robot_state_publisher 发布关节信息话题 /joint_states。

节点 robot_state_publisher 订阅 joint_state_publisher 发布的话题 /joint_states,并向节点 bobac2_slam_gmapping 发布静态坐标系转换关系的话题 /tf_static。

节点 bobac2_slam_gmapping 采用 sensor_msgs/LaserScan 消息,并构建地图。地图可以通过 topic 或 service 检索。

/joint_states 是 bobac 智能机器人关节信息话题,话题类型:sensor_msgs/JointState。

/scan 是二维激光雷达所发发布的扫描信息话题,话题类型:sensor_msgs/LaserScan。

/joy 由 joy_node 发布,并由 bobac2_joy 订阅的手柄控制话题,话题类型:sensor_msgs/joy。

/cmd_vel 是 bobac2_joy_node 节点发布的机器人车体控制话题,话题类型:geometry_msgs/Twist。

/tf_static 是静态坐标系转换关系的话题，话题类型：tf2_msgs/TFMesssage。

/tf 是坐标系转换关系的话题，话题类型：tf/TFMessage。

（2）rrt_exploration slam 仿真

rrt_exploration slam 仿真节点与分析如下。

在 gammping slam 仿真中除了 joy_node 没开以外，新增了以下几个节点：

节点 global_detector 订阅 bobac2_slam_gmapping 发布的话题/map 以及 rviz 中 Publish Point 插件发布的话题/clicked_point，并向节点 filter 发布话题/detected_points。

节点 local_detector 与节点 global_detector 相同。

节点 move_base_node 用于自主建图过程中的避障。

节点 filter 订阅节点 global_detector 和节点 local_detector 发布的话题/detected_points，并向节点 assigner 发布话题/filtered_points。

节点 assigner 订阅话题/filtered_points。

8.1.4 真实机器人 SLAM（以 slam_gmapping 为例）

1. 节点通信图

真实机器人节点通信图如图 8.2 所示。

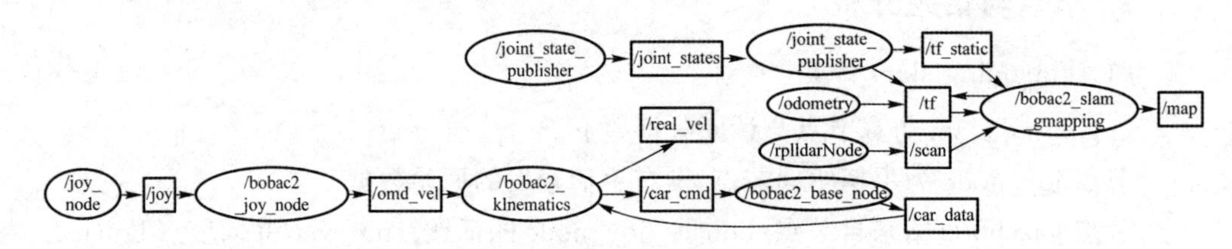

图 8.2　真实机器人节点通信图

2. 节点与话题分析

节点 joy_node 为手柄驱动节点，发布手柄触发的原始数据。

节点/bobac2_joy_node 订阅来自/joy_node 的话题 /joy，后选取的部分信息，转化为机器人的控制信息，向车体控制节点 bobac2_kinematics 发布车体速度话题/cmd_vel。

节点 bobac2_kinematics 订阅来自节点 bobac2_joy 的话题 /cmd_vel 和节点 bobac2_base_node 的话题/car_data，并通过逆解向节点 bobac2_base_node 发布转速控制话题/car_cmd 给节点 bobac2_base_node 和通过正解向节点 odometry 发布车体实际速度话题/real_vel 坐标系转换关系话题 /tf。

节点 bobac2_base_node 订阅来自节点 bobac2_kinematics 的话题/car_cmd，并向 bobac2_kinematics 发布采集的下位机采集的传感器信息/car_data。

节点 odometry 订阅来自节点 bobac2_kinematics 的话题/real_vel，并向节点 bobac2_slam_gmapping 发布坐标系转换关系话题 /tf。

节点 rplidarNode 向节点 bobac2_slam_gmapping 发布话题 /scan。

节点 joint_state_publisher 向 robot_state_publisher 发布关节信息话题 /joint_states。

节点 robot_state_publisher 订阅 joint_state_publisher 发布的话题 /joint_states，并向节点 bobac2_slam_gmapping 发布静态坐标系转换关系的话题 /tf_static。

节点 bobac2_slam_gmapping 采用 sensor_msgs/LaserScan 消息，并构建地图。地图可以通过 topic 或 service 检索。

/joint_states 是 bobac 智能机器人关节信息话题，话题类型：sensor_msgs/JointState。

/scan 是二维激光雷达所发发布的扫描信息话题，话题类型：sensor_msgs/LaserScan。

/joy 由 joy_node 发布，并由 bobac2_joy 订阅的手柄控制话题，话题类型：sensor_msgs/joy。

/cmd_vel 是 bobac2_joy_node 节点发布的机器人车体控制话题，话题类型：geometry_msgs/Twist。

/real_vel 是 bobac2_joy_node 节点发布的机器人车体控制话题，话题类型：geometry_msgs/Twist。

/car_cmd 是 bobac2_kinematics 节点发布的机器人电机转速控制话题，话题类型：bobac2_msgs/car_cmd。

/tf_static 是静态坐标系转换关系的话题，话题类型：tf2_msgs/TFMesssage。

/tf 是坐标系转换关系的话题，话题类型：tf/TFMessage。

8.2 机器人 SLAM 实验步骤

8.2.1 硬件检查

插入手柄 USB 接口，在终端输入：

```
$ ls /dev/input/
```

显示有 js0，则说明系统识别到手柄，如图 8.3 所示。

```
by-id    event1   event12  event15  event4  event7  js0     mouse1
by-path  event10  event13  event2   event5  event8  mice    mouse2
event0   event11  event14  event3   event6  event9  mouse0
```

图 8.3　输入信息组

输入：

```
$ sudo jstest /dev/input/js0
```

检查手柄是否运行正常，如显示图 8.4 所示控制参数，则手柄运行正常。

```
Joystick (Microsoft X-Box 360 pad) has 8 axes (X, Y, Z, Rx, Ry, Rz, Hat0X, Hat0Y
)
and 11 buttons (BtnX, BtnY, BtnTL, BtnTR, BtnTR2, BtnSelect, BtnThumbL, BtnThumb
R, ?, ?, ?).
Testing ... (interrupt to exit)
Axes:  0:     0  1:     0  2:     0  3:     0  4:     0  5:     0  6:     0  7:
    0 Buttons:  0:off  1:off  2:off  3:off  4:off  5:off  6:off  7:off  8:off  9
```

图 8.4　手柄按键控制参数

8.2.2　仿真机器人手动建图——启动 slam_gmapping 仿真节点

1. slam_gmapping 仿真

在新终端输入：

```
$ roslaunch bobac2_slam bobac2_slam_sim.launch
```

启动手柄节点，再在新终端输入：

```
$ roslaunch bobac2_joy bobac2_joy.launch
```

同时会启动 gazebo 和 rviz，如图 8.5 和图 8.6 所示，此时就可以使用手柄控制仿真机器人在 gazebo 仿真环境下移动，随着机器人的移动，rviz 中的地图不断更新，并且 gampping 会自动校正之前建立的地图和机器人的位置偏差。

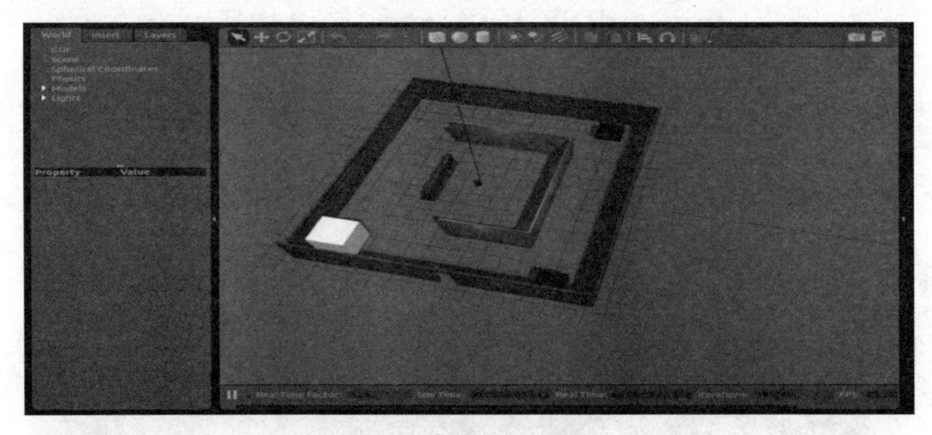

图 8.5　gazebo 仿真环境

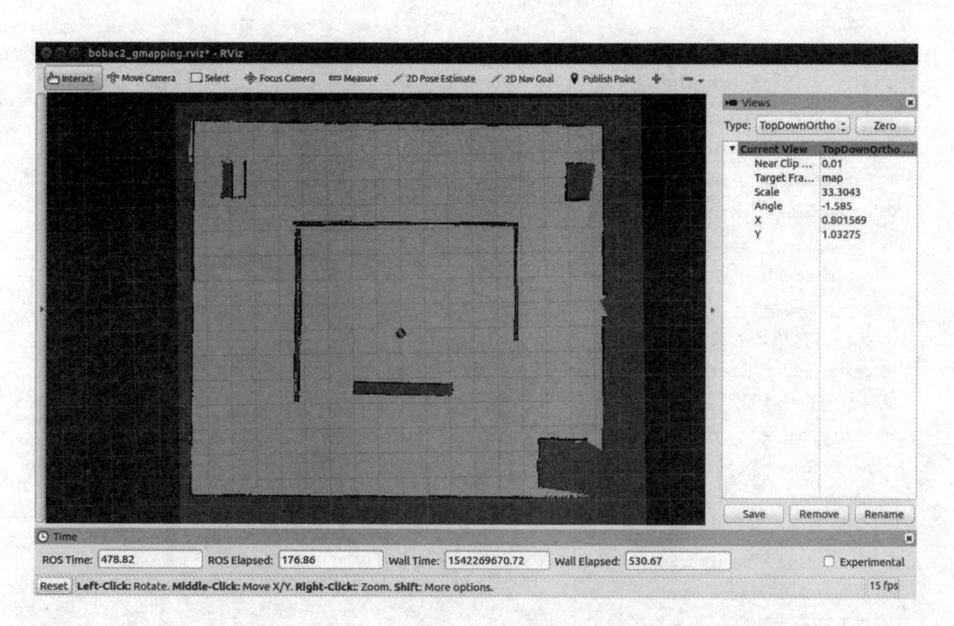

图 8.6　二维地图

2. launch 文件分析

(1) bobact 机器人算法

bobac 机器人 SLAM 采用 gmapping 算法,即三维点集配准算法,其算法实质为基于最小二乘法的最优匹配算法。

基于 gmapping 算法的 SLAM 算法文件为:/bobac2 _ slam/launch/bobac2 _ gmapping. launch,对 bobac2_gmapping. launch 文件分析如下:

```
<launch>
  <arg name = "scan_topic" default = "scan" /> //laser 的 topic 名称,与自己的激光的 topic 相对应
  <arg name = "configuration_basename" default = "bobac2_lds_2d.lua"/>
  <arg name = "set_base_frame" default = "base_footprint"/>
  <arg name = "set_odom_frame" default = "odom"/>
  <arg name = "set_map_frame"  default = "map"/>
  <node pkg = "gmapping" type = "slam_gmapping" name = "slam_gmapping" output = "screen" clear_pa-
  rams = "true">
   //启动 gampping 的节点
  <param name = "base_frame" value = " $ (arg set_base_frame)"/>
  //设置 base_frame 坐标为 base_footprint
  <param name = "odom_frame" value = " $ (arg set_odom_frame)"/>/
   //设置 odom_frame 坐标为 odom
  <param name = "map_frame"  value = " $ (arg set_map_frame)"/>
  //设置 map_frame 坐标为 map
  <param name = "map_update_interval" value = "2.0"/>//
```

```
地图更新的一个间隔，两次 scanmatch 的间隔，地图更新也受 scanmach 的影响，如果 scanmatch 没有成功的话，是不会更新地图的
<!-- Set maxUrange < actual maximum range of the Laser -->
<param name="maxUrange" value="12.0"/>
<param name="sigma" value="0.05"/>
<param name="kernelSize" value="1"/>
<param name="lstep" value="0.05"/>
//optimize 机器人移动的初始值(距离)
<param name="astep" value="0.05"/>
//optimize 机器人移动的初始值(角度)
<param name="iterations" value="5"/>
//icp 的迭代次数
<param name="lsigma" value="0.075"/>
<param name="ogain" value="3.0"/>
<param name="lskip" value="0"/>
//为 0，表示所有的激光都处理，尽可能为零，如果计算压力过大，可以改成 1
<param name="minimumScore" value="50"/>
<param name="srr" value="0.01"/>
//以下四个参数是运动模型的噪声参数
<param name="srt" value="0.02"/>
<param name="str" value="0.01"/>
<param name="stt" value="0.02"/>
<param name="linearUpdate" value="1.0"/>
//机器人移动 linearUpdate 距离，进行 scanmatch
<param name="angularUpdate" value="0.2"/>
//机器人选装 angularUpdate 角度，进行 scanmatch
<param name="temporalUpdate" value="0.5"/>
<param name="resampleThreshold" value="0.5"/>
<param name="particles" value="100"/>
//粒子个数
<param name="xmin" value="-10.0"/>
<param name="ymin" value="-10.0"/>
<param name="xmax" value="10.0"/>
<param name="ymax" value="10.0"/>
<param name="delta" value="0.05"/>
<param name="llsamplerange" value="0.01"/>
<param name="llsamplestep" value="0.01"/>
<param name="lasamplerange" value="0.005"/>
<param name="lasamplestep" value="0.005"/>
<remap from="scan" to="$(arg scan_topic)"/>
</node>
</launch>
```

(2) 定位与建图仿真的 launch 文件

定位与建图仿真的 launch 文件为：bobac2_slam_sim.launch，分析如下：

```
<launch>
  <!-- Arguments -->
  <arg name = "slam_methods" default = "gmapping" doc = "slam type [gmapping, cartographer, hec-
  tor, karto, frontier_exploration, rrt_exploration]"/>
  <arg name = "configuration_basename" default = "bobac2_lds_2d_gazebo.lua"/>
  <arg name = "open_rviz" default = "true"/>
  <!-- bobac2 -->
  <include file = "$(find bobac2_description)/launch/gazebo.launch"/>
  //打开 gazebo 仿真环境
  <!-- SLAM: Gmapping, Cartographer, Hector, Karto, Frontier_exploration, RTAB-Map -->
  <include file = "$(find bobac2_slam)/launch/bobac2_$(arg slam_methods).launch">
  <arg name = "configuration_basename" value = "$(arg configuration_basename)"/>
  //启动 slam_gmapping 节点
  </include>
  <!-- rviz -->
  <group if = "$(arg open_rviz)">
  <node pkg = "rviz" type = "rviz" name = "rviz" required = "true" args = "-d $(find bobac2_
  slam)/rviz/bobac2_$(arg slam_methods).rviz"/>
  </group>
</launch>
```

(3) 保存地图

控制机器人围绕环境探索一周后，地图就基本构建完成了，具体步骤如下：

首先，切换到保存地图的目录中，指令如下：

```
$ cd ~/bobac2_ws/src/bobac2_navigation/maps
```

然后，运行以下命令保存地图：

```
$ rosrun map_server map_saver -f map
```

此时，地图保存完毕。

8.2.3 仿真机器人自主建图——rrt_exploration slam 仿真

1. 启动 rrt_exploration slam 节点

在新终端输入：

```
$ roslaunch bobac2_slam bobac2_slam_sim.launch slam_methods:=rrt_exploration
```

运行以上指令，即可启动 gazebo 及 rviz 界面，此时就可以实现仿真机器人自主建图。

建图方法:在 rviz 中使用 Publish Point 在地图上依次顺序点五个点,前四个点是四个定义要探索的正方形区域(必须要顺势针或逆时针依次点下),最后一个点是树的起点,需要点在已经探明区域的小车附近,如图 8.7、图 8.8 和图 8.9 所示。

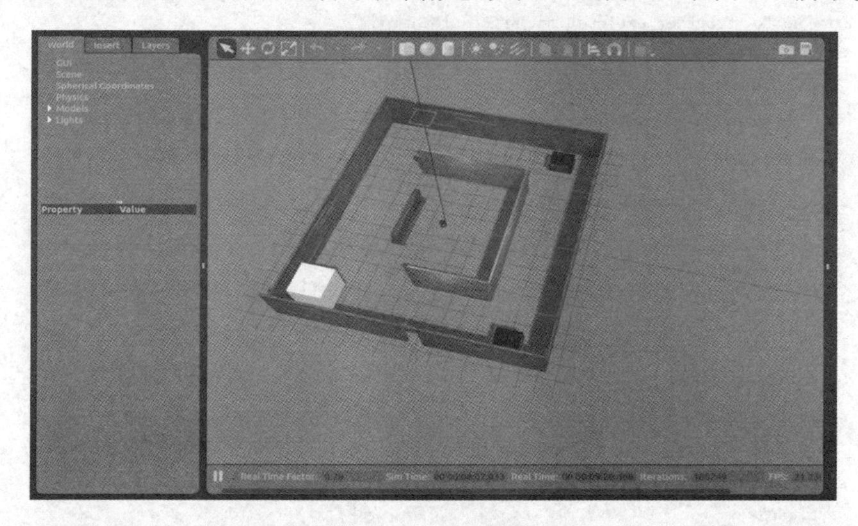

图 8.7　gazebo 仿真环境

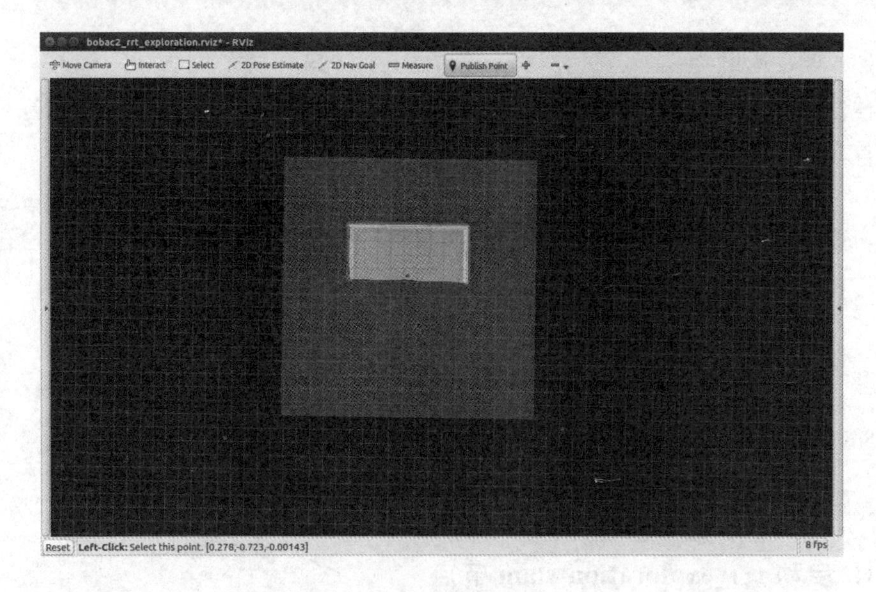

图 8.8　二维地图

2. launch 文件分析

(1) bobac2_rrt_exploration. launch

bobac2_rrt_exploration. launch 分析如下:

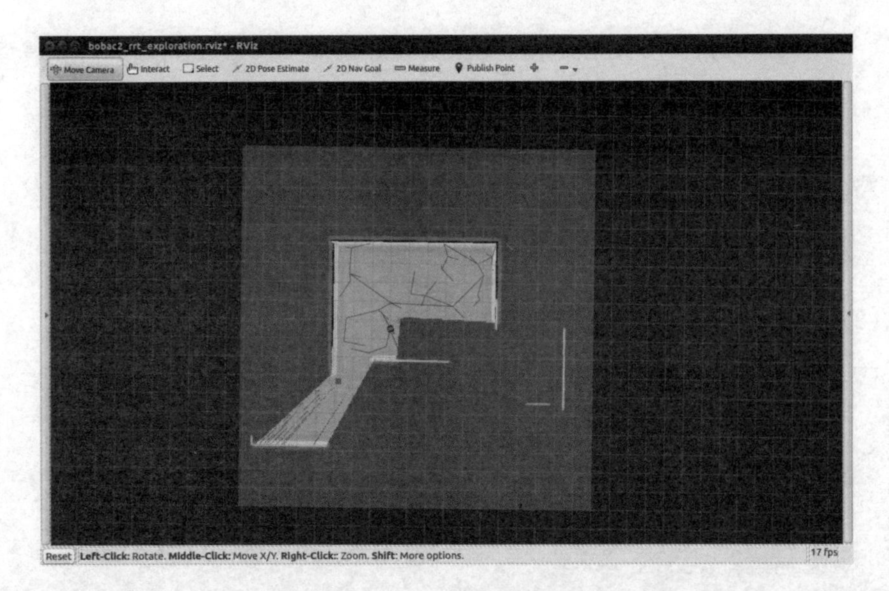

图 8.9　二维地图

```
<launch>
    <!-- Arguments -->
    <arg name = "configuration_basename" default = "bobac2_lds_2d.lua"/>
    <arg name = "sensor_range" default = "25.0"/>
    <arg name = "cmd_vel_topic" default = "/cmd_vel" />
    <arg name = "odom_topic" default = "odom" />
    <!-- bobac2 and Gmapping -->
    <include file = "$(find bobac2_slam)/launch/bobac2_gmapping.launch"/>
    //启动 gmapping 节点
    <!-- AMCL -->
    <include file = "$(find bobac2_navigation)/launch/amcl.launch"/>
    //启动 AMCL 定位节点
    <!-- move_base -->
    <node pkg = "move_base" type = "move_base" respawn = "false" name = "move_base_node" output
    = "screen">
    //启动 move_base 节点
    <rosparam file = "$(find rrt_exploration)/param/costmap_common_params.yaml" command = "
    load" ns = "global_costmap" />
    <rosparam file = "$(find rrt_exploration)/param/costmap_common_params.yaml" command = "
    load" ns = "local_costmap" />
    <rosparam file = "$(find rrt_exploration)/param/local_costmap_params.yaml" command = "
    load" />
    <rosparam file = "$(find rrt_exploration)/param/global_costmap_params.yaml" command = "
    load" />
    <rosparam file = "$(find rrt_exploration)/param/base_local_planner_params.yaml" command
    = "load" />
```

```
    <rosparam file = " $ (find rrt_exploration)/param/move_base_params. yaml" command = "load"
    />
    </node>
    <! -- rrt_exploration -->
    <include file = " $ (find bobac2_slam)/launch/rrt_exploration_single. launch. xml" />
    //启动 rrt_exploration 节点
</launch>
```

(2) rrt_exploration/launch/single. launch

rrt_exploration/launch/single. launch 分析如下：

```
<! -- Launch file for the rrt - detector and the assigner -->
<launch>

    <arg name = "eta" value = "1.0"/>
    <arg name = "Geta" value = "15.0"/>
    <node pkg = "rrt_exploration" type = "global_rrt_detector" name = "global_detector" output
    = "screen">
    <param name = "eta" value = " $ (arg Geta)"/>
    //该参数控制用于检测边界点的 RRT 的增长率,单位为米。
    <param name = "map_topic" value = "/robot_1/map"/>
    //此参数定义节点将在其上接收地图的主题名称。
    </node>

    <node pkg = "rrt_exploration" type = "local_rrt_detector" name = "local_detector" output = "
    screen">
<param name = "eta" value = " $ (arg eta)"/>
//该参数控制用于检测边界点的 RRT 的增长率,单位为米。
<param name = "map_topic" value = "/robot_1/map"/>
<param name = "robot_frame" value = "/robot_1/base_link"/>
</node>

<node pkg = "rrt_exploration" type = "filter. py" name = "filter" output = "screen">
<param name = "map_topic" value = "/robot_1/map"/>
<param name = "info_radius" value = "1"/> //
用于计算边界信息增益的信息半径。
<param name = "costmap_clearing_threshold" value = "70"/>
//占用率大于此阈值的边界点将被视为无效。
<param name = "goals_topic" value = "/detected_points"/>
<param name = "namespace_init_count" value = "1"/>
//定义节点接收检测到的边界点的主题。
<param name = "namespace" value = "/robot_"/>
<param name = "n_robots" value = "1"/>
//机器人数量
<param name = "rate" value = "100"/>
```

```
//节点循环速率(Hz)
</node>

<node pkg = "rrt_exploration" type = "assigner.py" name = "assigner" output = "screen">
<param name = "map_topic" value = "/robot_1/map"/>
<param name = "global_frame" value = "/robot_1/map"/>
<param name = "info_radius" value = "1"/> //
用于计算边界信息增益的信息半径。
<param name = "info_multiplier" value = "3.0"/>
//到边界点的预期行驶距离
<param name = "hysteresis_radius" value = "3.0"/>
//该参数定义了滞后半径
<param name = "hysteresis_gain" value = "2.0"/>
//该参数定义了滞后增益
<param name = "frontiers_topic" value = "/filtered_points"/>
//分配器节点接收过滤边界点的主题
<param name = "n_robots" value = "1"/>
<param name = "namespace_init_count" value = "1"/>
<param name = "namespace" value = "/robot_"/>
<param name = "delay_after_assignement" value = "0.5"/>
//它定义每个机器人分配后的延迟量
<param name = "rate" value = "100"/>
</node>
</launch>
```

(3) bobac2_gmapping.launch

bobac2_gmapping.launch 与 slam_gmapping 相同。

3. 保存地图

首先，切换到保存地图的目录中，指令如下：

```
$ cd ~/bobac2_ws/src/bobac2_navigation/maps
```

然后，运行以下命令保存地图：

```
$ rosrun map_server map_saver -f  map
```

此时，仿真机器人自主建图并保存完毕。

8.2.4 真实机器人 SLAM 建图

1. 启动 SLAM 节点

在新终端输入：

```
$ roslaunch bobac2_slam bobac2_slam.launch
```

窗口显示 rviz 界面，用手柄控制真实机器人 bobac 在室内环境中移动，界面上有 bobac 车体模型，以及雷达扫描到的相关信息，如图 8.10 所示。

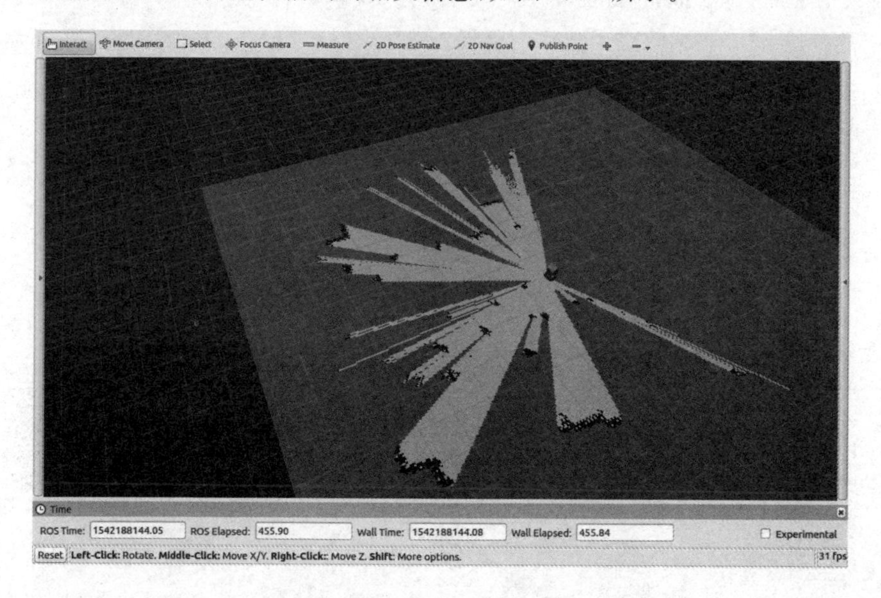

图 8.10　二维地图

2. launch 文件分析

(1) bobac 机器人 SLAM 算法

bobac 机器人 SLAM 采用 gmapping 算法，即三维点集配准算法，其算法实质为基于最小二乘法的最优匹配算法。

基于 gmapping 算法的 SLAM 算法文件为：/bobac2_slam/launch/bobac2_gmapping.launch，对 bobac2_gmapping.launch 文件分析如下：

```
<launch>
    <arg name = "scan_topic" default = "scan" />
    //laser 的 topic 名称，与自己的激光的 topic 相对应
    <arg name = "configuration_basename" default = "bobac2_lds_2d.lua"/>
    <arg name = "set_base_frame" default = "base_footprint"/>
    <arg name = "set_odom_frame" default = "odom"/>
    <arg name = "set_map_frame"  default = "map"/>
    <node pkg = "gmapping" type = "slam_gmapping" name = "slam_gmapping" output = "screen" clear_
    params = "true">
    //启动 gampping 的节点
    <param name = "base_frame" value = "$(arg set_base_frame)"/>
    //设置 base_frame 坐标为 base_footprint
```

```
    <param name = "odom_frame" value = " $ (arg set_odom_frame)"/>/
    //设置 odom_frame 坐标为 odom
    <param name = "map_frame"   value = " $ (arg set_map_frame)"/>
    //设置 map_frame 坐标为 map
    <param name = "map_update_interval" value = "2.0"/>
    //地图更新的一个间隔,两次 scanmatch 的间隔,地图更新也受 scanmach 的影响,如果 scanmatch 没
    有成功的话,是不会更新地图的。
    <!-- Set maxUrange < actual maximum range of the Laser -->
    <param name = "maxUrange" value = "12.0"/>
    <param name = "sigma" value = "0.05"/>
    <param name = "kernelSize" value = "1"/>
    <param name = "lstep" value = "0.05"/>
    //optimize 机器人移动的初始值(距离)
    <param name = "astep" value = "0.05"/>
    //optimize 机器人移动的初始值(角度)
    <param name = "iterations" value = "5"/>
    //icp 的迭代次数
    <param name = "lsigma" value = "0.075"/>
    <param name = "ogain" value = "3.0"/>
    <param name = "lskip" value = "0"/>
    //为 0,表示所有的激光都处理,尽可能为零,如果计算压力过大,可以改成 1
    <param name = "minimumScore" value = "50"/>
    <param name = "srr" value = "0.01"/>
    //以下四个参数是运动模型的噪声参数
    <param name = "srt" value = "0.02"/>
    <param name = "str" value = "0.01"/>
    <param name = "stt" value = "0.02"/>
    <param name = "linearUpdate" value = "1.0"/>
    //机器人移动 linearUpdate 距离,进行 scanmatch
    <param name = "angularUpdate" value = "0.2"/>
    //机器人选装 angularUpdate 角度,进行 scanmatch
    <param name = "temporalUpdate" value = "0.5"/>
    <param name = "resampleThreshold" value = "0.5"/>
    <param name = "particles" value = "100"/>
    //粒子个数
    <param name = "xmin" value = " - 10.0"/>
    <param name = "ymin" value = " - 10.0"/>
    <param name = "xmax" value = "10.0"/>
    <param name = "ymax" value = "10.0"/>
    <param name = "delta" value = "0.05"/>
    <param name = "llsamplerange" value = "0.01"/>
    <param name = "llsamplestep" value = "0.01"/>
    <param name = "lasamplerange" value = "0.005"/>
    <param name = "lasamplestep" value = "0.005"/>
    <remap from = "scan" to = " $ (arg scan_topic)"/>
    </node>
</launch>
```

(2) bobac 实时定位与构图

bobac 实时定位与构图的 launch 文件为:bobac2_slam. launch。

```
<launch>
    <! -- Arguments -->
    <arg name = "slam_methods" default = "gmapping" doc = "slam type [gmapping, cartographer, hec-
    tor, karto, frontier_exploration, rrt_exploration]"/>
    //建图的方式,默认为 gmapping
    <arg name = "configuration_basename" default = "bobac2_lds_2d. lua" />
    <arg name = "open_rviz" default = "true"/>
    <! -- bobac2 model description -->
    <param name = "robot_description" textfile = " $ (findbobac2_description)/urdf/bobac2_de-
    scription. urdf" />
    //添加机器人模型
    <node name = "joint_state_publisher" pkg = "joint_state_publisher" type = "joint_state_pub-
    lisher" />
    //打开 joint_state_publisher 节点,发布机器人关节信息
    <node name = "robot_state_publisher" pkg = "robot_state_publisher" type = "state_publisher" />
    //打开 robot_state_publisher 节点,发布 tf
    <! -- bobac2 base & kinematics -->
    <include file = " $ (find bobac2_base)/launch/bobac2_base. launch" />
    //打开底盘控制
    <include file = " $ (find bobac2_joy)/launch/bobac2_joy. launch" />
    //打开手柄控制
    <include file = " $ (find rplidar_ros)/launch/rplidar. launch" />
    //打开激光雷达
    <! -- SLAM: Gmapping, Cartographer, Hector, Karto, Frontier_exploration, RTAB - Map -->
    <include file = " $ (find bobac2_slam)/launch/bobac2_ $ (arg slam_methods). launch" >
    <arg name = "configuration_basename" value = " $ (arg configuration_basename)" />
    </include>
    <! -- rviz -->
    <group if = " $ (arg open_rviz)">
    <node pkg = "rviz" type = "rviz" name = "rviz" required = "true" args = " - d  $ (find bobac2_
    slam)/rviz/bobac2_ $ (arg slam_methods). rviz"/> //打开 rviz
    </group>
</launch>
```

3. 保存地图

首先,切换到保存地图的目录中,指令如下:

```
$ cd ~/bobac2_ws/src/bobac2_navigation/maps
```

然后,运行以下命令保存地图:

```
$ rosrun map_server map_saver - f   map
```

此时,真实机器人建图并保存完毕。

8.3 机器人 Navigation 导航

Navigation 是机器人最基本的功能之一，ROS 为用户提供了一整套 Navigation 的解决方案，包括全局与局部的路径规划、代价地图、异常行为恢复、地图服务器等，这些开源工具包极大地减少了开发的工作量，任何一套移动机器人硬件平台经过这套方案都可以快速部署实现。

8.3.1 Navigation 基础

1. NavigationStack

NavigationStack 是 ROS 的一个 metapackage，包含了 ROS 在路径规划、定位、地图、异常行为恢复等方面的 package，其中运行的算法堪称经典。NavigationStack 的主要作用是路径规划，通常是输入各传感器的数据，输出速度。一般地，ROS 都预装了 Navigation。

NavigationStack 包括了表 8.1 所列的几个 package。

表 8.1 Navigation Stack

包 名	功 能
amcl	定位
fake_localization	定位
map_server	提供地图
move_base	路径规划节点
nav_core	路径规划的接口类，包括 base_local_planner、base_global_planner 和 recovery_behavior 三个接口
base_local_planner	实现了 TrajectoryRollout 和 DWA 两种局部规划算法
dwa_local_planner	重新实现了 DWA 局部规划算法
parrot_planner	实现了较简单的全局规划算法
navfn	实现了 Dijkstra 和 A* 全局规划算法
global_planner	重新实现了 Dijkstra 和 A* 全局规划算法
clear_costmap_recovery	实现了清除代价地图的恢复行为
rotate_recovery	实现了旋转的恢复行为
move_slow_and_clear	实现了缓慢移动的恢复行为
costmap_2d	二维代价地图
voxel_grid	三维小方块(体素?)
robot_pose_ekf	机器人位姿的卡尔曼滤波

这么多 package,可能会觉得很乱,不用担心,在使用中其实还是比较简单的。接下来会对常用的主要功能进行介绍。

2. Navigation 工作框架

机器人的自主导航功能基本全靠 Navigation 中的 pacakge,如图 8.11 所示,功能正中心的是 move_base 节点,可以理解为一个强大的路径规划器。在实际的导航任务中,只需要启动这一个 node,并且给他提供数据,就可以规划出路径和速度。move_base 之所以能做到路径规划,是因为它包含了很多插件,像图中的白色圆圈 global_planner、local_planner、global_costmap、local_costmap、recovery_behaviors 等。这些插件负责一些更细微的任务:全局规划、局部规划、全局地图、局部地图、恢复行为。而每一个插件其实也都是一个 package,放在 Navigation Stack 里。关于 move_base,后面章节会进一步介绍,下面来介绍 move_base 的外围组件。

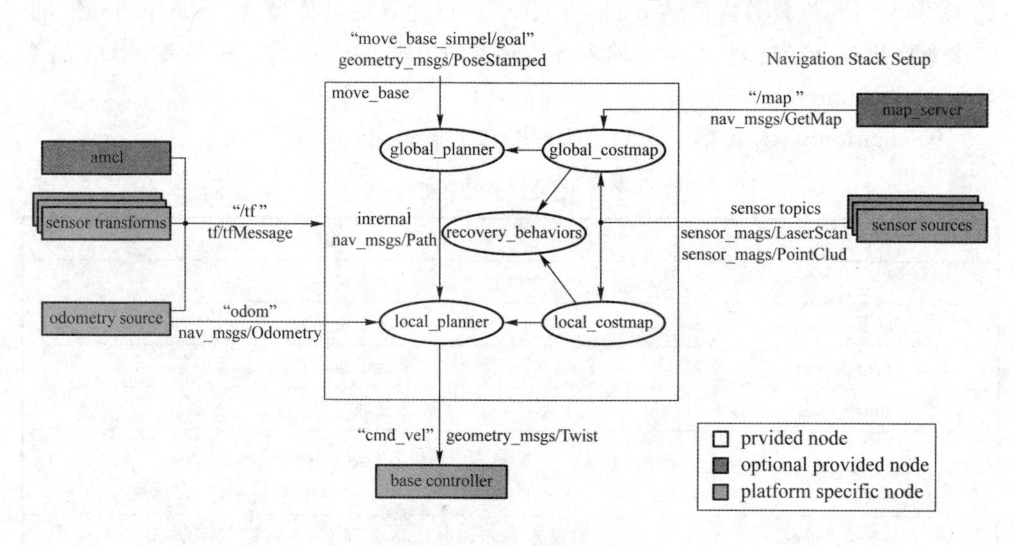

图 8.11 Navigation 工作框架

图 8.11 中,必须且已实现的组件有 global_planner、global_costmap、local_planner、local_costmap、recovery_behaviors;可选且已实现的组件有 amcl、map_server;须为每一个机器人平台创建的组件有 sensor transforms、odometry source、sensor sources。以下内容将介绍使用导航功能包集的先决条件。

(1) TF 变换配置(其他变换)

导航功能包集需要机器人不断使用 tf 发布有关坐标系之间的关系信息。

(2) 传感器信息(sensor source)

的导航功能包集使用来自传感器的信息避开现实环境中的障碍物,假定这些传感器在 ROS 上不断发布 sensor_msgs/LaserScan 消息或者 sensor_msgs/Point-

Cloud 消息。

(3) 里程信息(odometry source)

导航功能包集需要使用 tf 和 nav_msgs/Odometry 消息发布的里程信息。

(4) 基座控制器(base controller)

导航功能包集假定可以通过话题 cmd_vel 发布 geometry_msgs/Twist 类型的消息,这个消息基于机器人的基座坐标系,它传递的是运动命令。这意味着必须有一个节点订阅 cmd_vel 话题,将该话题上的速度命令(vx, vy, vtheta 转换为电机命令(cmd_vel. linear. x, cmd_vel. linear. y, cmd_vel. angular. z)发送给移动基座。

(5) 地图服务器(map_server)

将代价地图作为 ROS Service 发布,提供 map_saver 节点,可以通过命令行存储地图。

3. move_base

move_base 算得上是 Navigation 的核心节点,之所以称之为核心,是因为它在导航的任务中处于支配地位,其他的一些 package 都是它的插件。move_base 框架如图 8.12 所示。

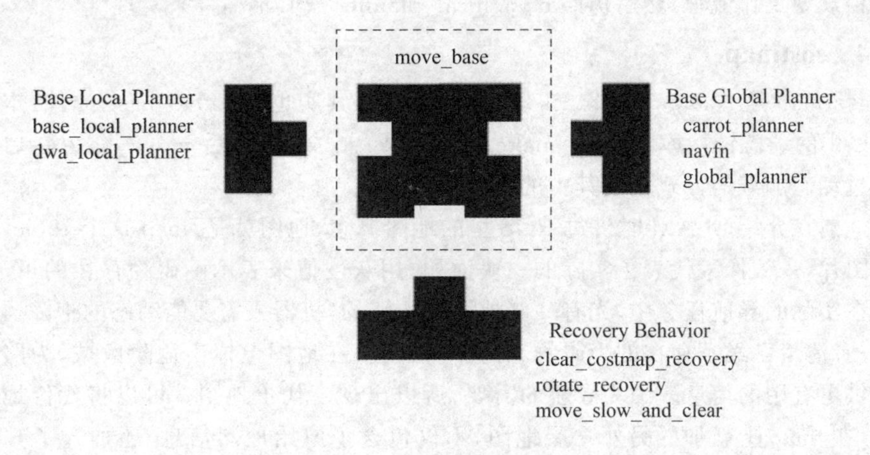

图 8.12 move_base 框架

move_base 要运行起来,插件需要选择好,插件包括三种:base_local_planner、base_global_planner 和 recovery_behavior,这三种插件都得指定,否则系统会指定默认值。

Navigation 为用户提供了不少候选的插件,可以在配置 move_base 时选择。

(1) base_local_planner 插件

base_local_planner:实现了 TrajectoryRollout 和 DWA 两种局部规划算法。dwa_local_planner:实现了 DWA 局部规划算法,可以看作是 base_local_planner 的

改进版本。

(2) base_global_planner 插件

parrot_planner:实现了较简单的全局规划算法。

navfn:实现了 Dijkstra 和 A * 全局规划算法。

global_planner:重新实现了 Dijkstra 和 A * 全局规划算法,可以看作是 navfn 的改进版。

(3) recovery_behavior 插件

clear_costmap_recovery:实现了清除代价地图的恢复行为。

rotate_recovery:实现了旋转的恢复行为。

move_slow_and_clear:实现了缓慢移动的恢复行为。

除了上述三个需要指定的插件外,还有一个 costmap 插件,该插件默认已经选择好,无法更改。

以上所有的插件都继承于 nav_core 里的接口,nav_core 属于一个接口 package,它只定义了三种插件的规范,也可以说定义了三种接口类,然后分别由以上的插件来继承和实现这些接口。因此如果要研究路径规划算法,不妨研究一下 nav_core 定义的路径规划工作流程,然后仿照 dwa_local_planner 或其他插件来实现。

4. costmap

costmap 是 Navigation Stack 里的代价地图,其实也是 move_base 插件,本质上是 C++的动态链接库,catkin_make 之后生成.so 文件,然后 move_base 在启动时会通过动态加载的方式调用其中的函数。

之前在介绍 SLAM 时讲过 ROS 里的地图概念,地图就是/map 这个 topic,也是一张图片,一个像素代表了实际的一块面积,用灰度值来表示障碍物存在的可能性。然而在实际的导航任务中,光有一张地图是不够的,机器人需要能动态的把障碍物加入,或者清楚已经不存在的障碍物,有些时候还要在地图上标出危险区域,为路径规划提供更有用的信息。因为导航的需要,所以出现了代价地图。可以将代价地图理解为,在/map 上新加的另外几层地图,不仅包含了原始地图信息,还加入了其他辅助信息。代价地图有以下特点:

① 代价地图有两张,一张是 local_costmap,一张是 global_costmap,分别用于局部路径规划器和全局路径规划器,而这两个 costmap 都默认并且只能选择 costmap_2d 作为插件。

② 无论是 local_costmap 还是 global_costmap,都可以配置他们的 Layer,可以选择多个层次。costmap 的 Layer 包括以下几种:

• Static Map Layer:静态地图层,通常都是 SLAM 建立完成的静态地图。

• Obstacle MapLayer:障碍地图层,用于动态的记录传感器感知到的障碍物信息。

• InflationLayer：膨胀层，在以上两层地图上进行膨胀(向外扩张)，以避免机器人的外壳撞上障碍物。

• OtherLayers：还可以通过插件的形式自己实现 costmap，目前已有 Social-Costmap。

• Layer、RangeSensor、Layer 等开源插件。

可以同时选择多个 Layer 并存。

5. map_server

在某些固定场景下，已经知道了地图(无论通过 SLAM 还是测量)，这样机器人每次启动就能直接加载已知地图，而且每次开机都重建。在这种情况下，就需要有一个节点来发布/map，提供场景信息。

map_server 是一个和地图相关的功能包，可以将已知地图发布出来，供导航和其他功能使用，也可以保存 SLAM 建立的地图。要让 map_server 发布/map，需要输入两个文件：一是地图文件，通常为 pgm 格式；二是地图的描述文件，通常为 yaml 格式；例如在 ROS – Academy – for – Beginners 里提供了软件博物馆的地图文件，如图 8.13所示。

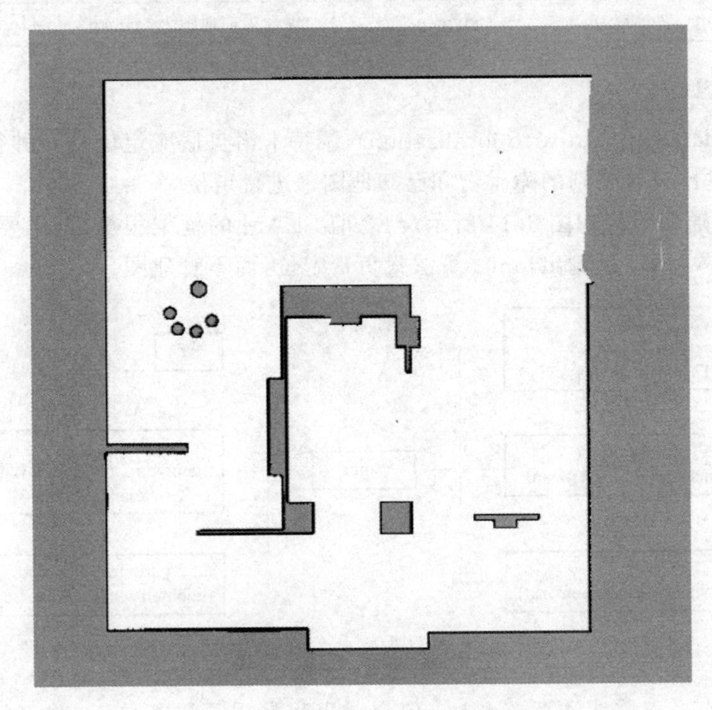

图 8.13　Software_Museum. pgm

软件博物馆地图的描述文件为：software_Museum. yaml，具体内容如下：

```
Software_Museum.yaml
image:Software_Museum.pgm      #指定地图文件
resolution: 0.050000    #地图的分辨率单位为 m/pixel
origin:[-25.000000,-25.000000,0.000000]     #地图的原点
negate:0     #0 代表白色为空闲黑色为占据
occupied_thresh:0.65     #当占据的概率大于 0.65 认为被占据
free_thresh:0.196     #当占据的概率小于 0.196 认为无障碍
```

其中占据的概率 occ=(255−color_avg)/255.0 color_avg 为 RGB 三个通道的平均值。

有了以上两个文件,就可以通过指令来加载这张地图,map_server 相关命令如表 8.2 所列。

表 8.2 map_server 命令

map_server 命令	作 用
rosrunmap_server map_server Software_Museum. yaml	加载自定义的地图
rosrunmap_server map_saver - f mymap	保存当前地图为 mymap. pgn 和 mymap. yaml

6. amcl

amcl(adaptive mentcarto localization),蒙特卡洛自适应定位是一种很常用的定位算法,通过比较检测到的障碍物和已知地图来进行定位。

amcl 的通信架构如图 8.14 所示,与之前 SLAM 的框架很像,最主要的区别是/map 作为输入,而不是输出,amcl 算法只负责定位,而不管建图。

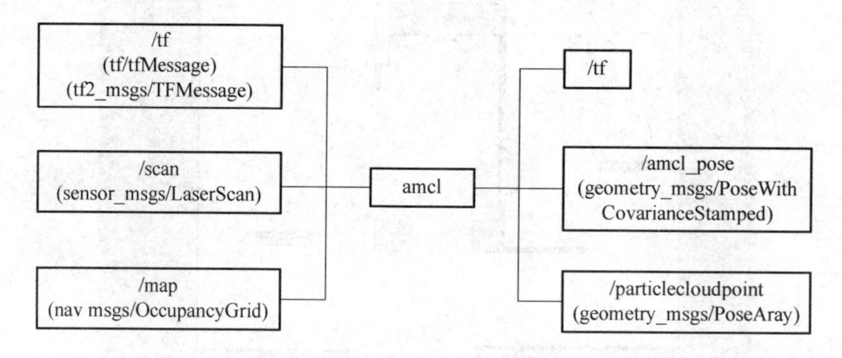

图 8.14 amcl 的通信架构

同时还有一点需要注意,amcl 定位会对里程计误差进行修正,修正的方法是把里程计误差加到 map_frame 和 odom_frame 之间,而 odom_frame 和 base_frame 之间是里程计的测量值,这个测量值并不会被修正,这一工程实现与 gmapping、karto 的做法是相同的,在此不再赘述。演示截图 amcl 算法演示效果如图 8.15 所示。

图 8.15 amcl 算法演示效果

8.3.2 实验原理

在完成 slam 实验的基础上，利用已有地图分别进行仿真和真实机器人的单点导航和多点循环导航。

1. 程序包

bobac 机器人导航算法实现的程序包是 bobac2_nav，程序包位置为：~/bobac2_ws/src/bobac2_navigation。~/bobac2_ws/src/navigation_app 是实现多点循环导航的功能包(本节以仿真中运行该包为例)

2. 多点导航插件源码分析

多点导航插件源码文件位置：~/bobac2_ws/src/navigation_app/src，该文件夹下包含 3 个源码文件。

nav_app_plugin. h 代码如下：

```
#ifndef NAV_H //检查是否宏定义 NAV_H，如果没有就执行下面代码段
#define NAV_H //宏定义 NAV_H

#include "move_base_msgs/MoveBaseAction.h" //move_base 目标的头文件
#include "actionlib/client/simple_action_client.h" //actionlib 头文件
#include "ui_nav.h"
```

```
#indef Q_MOC_RUN //
#include "rviz/panel.h" //rviz 窗口头文件
#include "QTimer" //定时器头文件
#include "QMessageBox" //标准对话框头文件
#include "QDialog" //对话框头文件
#endif //代码段结束

#include "boost/thread.hpp" //线程头文件
#include "boost/bind.hpp" //函数绑定头文件
#include "boost/date_time/posix_time/posix_time.hpp"//posix_time 头文件
#include "navigation_app/pose_list.h"//导航点列表消息头文件
#include "ros/ros.h" //ros 头文件
#include "tf/tf.h" //tf 头文件
#include "navigation_app/add_pose.h" //添加导航点的服务的头文件
#include "navigation_app/modify_pose.h"//修改导航点的服务的头文件
#include "navigation_app/rm_pose.h" //删除导航点的服务的头文件
#include "navigation_app/print_pose.h" //发布导航点的服务的头文件
#include "geometry_msgs/PointStamped.h" //标记点消息的头文件
#include "geometry_msgs/Pose2D.h" //2d pose 的头文件
#include "geometry_msgs/PoseWithCovarianceStamped.h" //时间标签和参考坐标的估计位姿消息的头文件
#include "visualization_msgs/Marker.h" //向 rviz 中发送形状消息的头文件
#include "visualization_msgs/MarkerArray.h" //向 rviz 中发送多个标记消息的头文件

namespace Ui //命名空间
{
class Form; //创建 Ui::Form 类
}

struct Pose2D { //定义结构体
Pose2D(double x = 0, double y = 0, double th = 0):x_(x), y_(y), th_(th) {}
double x_, y_, th_;
Pose2D& operator = (const Pose2D& that)
{
if(this != &that) {
this->x_ = that.x_;
this->y_ = that.y_;
this->th_ = that.th_;
}
return *this;
}
};

typedef std::map<std::string, std::vector<Pose2D> > NamedPoseArray; //创建类的别名 NamedPoseArray
typedef boost::shared_ptr<actionlib::SimpleActionClient<move_base_msgs::MoveBaseAction> >
NavClientPtr; //创建类的别名 NavClientPtr
```

```
typedef actionlib::SimpleActionClient<move_base_msgs::MoveBaseAction> NavClient; //创建类的
//别名 NavClient
class NavApp:public rviz::Panel  //NavApp 继承公有基类 rviz::Panel
{
Q_OBJECT
public: //公有成员
NavApp(QWidget * parent = 0); //创建 NavApp 构造函数，同时实例化 QWidget 类指针
virtual ~NavApp(); //析构函数
Ui::Form * ui;  //实例化 Ui::Form 类的对象指针 * ui

QTimer * timer_;//实例化 QTimer 类的对象指针 * timer_

//GetPose * get_pose_;
NamedPoseArray named_pose_array_; //实例化 NamedPoseArray 类的对象 named_pose_array_
std::string list_name_; //实例化 string 类的对象 list_name_
Pose2D current_goal_; //实例化 Pose2D 类的对象 current_goal_
Pose2D current_pose_; //实例化 Pose2D 类的对象 current_pose_
ros::NodeHandle nh_;  //创建节点句柄
ros::Subscriber list_sub_; //创建订阅者
ros::Subscriber pose_sub_;
ros::Subscriber point_sub_;

bool isRunning_; //运行

ros::Publisher pub_; //创建发布者
ros::Publisher goal_pub_;
boost::thread sub_thd_; //实例化 boost::thread 类
boost::thread nav_manager_;
boost::thread nav_exec_;
boost::mutex manager_mutex_; //实例化 boost::mutex 类
boost::condition_variable manager_cond_; //实例化 boost::condition_variable 类
boost::mutex exec_mutex_;
boost::condition_variable exec_cond_;

NavClientPtr nav_client_; //实例化 NavClientPtr 类

ros::ServiceClient rm_clt;//创建客户端
ros::ServiceClient add_clt;
ros::ServiceClient mod_clt;

void exec_work();
void satus_work();
void manager_work();//下发数据
void sub_work();
```

```
void list_callback(const navigation_app::pose_list::ConstPtr& pose_list); //回调函数
void amcl_callback(const geometry_msgs::PoseWithCovarianceStamped::ConstPtr& pose);//当前位姿
public slots:
void set_pose();
void destory_navapp();
void on_changeSize(int);
void on_remove();//删除导航点
void on_cellChanged(int, int); //修改导航点
void on_add();//添加导航点
void on_changeListName();//修改列表名?
void on_goto();
void on_setStation();
void on_start(); //开始导航
void on_stop(); //停止
void on_GoalExcuting(int);
void on_statusCheck();//检查数据
signals:
void changeSize(int);
void update_pose();
void goalExecuting(int);
};
#endif //代码段结束
```

nav_app_plugin.cpp 代码如下：

```
#include "nav_app_plugin.h"
std::ostream& operator<<(std::ostream& os, const Pose2D& p) //重载"<<"运算符
{
return os << '[' << p.x_ <<' ' << p.y_ << ' ' << p.th_ << ']';
}

Pose2D pose_form_ros(const geometry_msgs::Pose2D& ros_pose)
{
return Pose2D(int(100 * ros_pose.x)/100.f, int(100 * ros_pose.y)/100.f, int(100 * ros_pose.the-
ta)/100.f);
}

geometry_msgs::Pose2D to_ros_pose(const Pose2D& p)
{
geometry_msgs::Pose2D pose;
pose.x = int(100 * p.x_)/100.f;
pose.y = int(100 * p.y_)/100.f;
pose.theta = int(100 * p.th_)/100.f;
return pose;
}
```

```
void NavApp::set_pose(){
std::string list_name = ui->lineEdit_list_name->text().toStdString();
//ROS_DEBUG_STREAM("list name: " << list_name);
auto it = named_pose_array_.find(list_name);
if (it != named_pose_array_.end()) {
auto list = named_pose_array_[list_name];
if (ui->tableWidget_nav_station->rowCount() != list.size()) {
emit changeSize(list.size());
return;
}
//ROS_DEBUG_STREAM("set Item");
for(int i = 0; i<list.size(); i++) {
ui->tableWidget_nav_station->item(i, 0)->setText(QString::number(list[i].x_ ));
ui->tableWidget_nav_station->item(i, 1)->setText(QString::number(list[i].y_ ));
ui->tableWidget_nav_station->item(i, 2)->setText(QString::number(list[i].th_));
ui->tableWidget_nav_station->item(i, 0)->setTextAlignment(Qt::AlignHCenter|Qt::AlignV-
Center);
ui->tableWidget_nav_station->item(i, 1)->setTextAlignment(Qt::AlignHCenter|Qt::AlignV-
Center);
ui->tableWidget_nav_station->item(i, 2)->setTextAlignment(Qt::AlignHCenter|Qt::AlignV-
Center);
}
}
}

void NavApp::on_setStation()
{
list_name_ = ui->lineEdit_list_name->text().toStdString();
//ROS_DEBUG_STREAM("list name: " << list_name);
auto it = named_pose_array_.find(list_name_);
if (it != named_pose_array_.end()) {
visualization_msgs::MarkerArray marr;
ros::Time  t = ros::Time::now();
int k = 0;
for(auto it_pose = named_pose_array_[list_name_].begin();
it_pose != named_pose_array_[list_name_].end(); it_pose++) {
visualization_msgs::Marker mark;
mark.type = visualization_msgs::Marker::ARROW;
mark.frame_locked = true;
mark.ns = "nav_station";
mark.scale.x = 0.1;
mark.scale.y = 0.2;
mark.scale.z = 0.2;
mark.color.g = 0.5;
mark.color.a = 1.0;
```

```
mark.color.r = 0.5;
mark.header.frame_id = "map";
mark.header.stamp = t;
mark.id = k++;
mark.action = 0;
mark.lifetime = ros::Duration(0.1);
geometry_msgs::Point p0, p1;
p0.x = it_pose->x_;
p0.y = it_pose->y_;
p1.x = p0.x + cos(it_pose->th_);
p1.y = p0.y + sin(it_pose->th_);
mark.points.push_back(p0);
mark.points.push_back(p1);
marr.markers.push_back(mark);

}
//ROS_DEBUG_STREAM("marr.size(): " << marr.markers.size());
pub_.publish(marr);
}

}

void NavApp::on_changeSize(int size)
{
for(int i=ui->tableWidget_nav_station->rowCount(); i>=0; i-- ) {
ui->tableWidget_nav_station->removeRow(i);
}
ui->tableWidget_nav_station->setRowCount(size);
for(int i = 0; i < size; i++) {
ui->tableWidget_nav_station->setItem(i, 0, new QTableWidgetItem);
ui->tableWidget_nav_station->setItem(i, 1, new QTableWidgetItem);
ui->tableWidget_nav_station->setItem(i, 2, new QTableWidgetItem);
}
emit update_pose();
}

void NavApp::on_remove()//删除导航点
{
ROS_DEBUG_STREAM("on remove pose");
int pos = ui->tableWidget_nav_station->currentRow();
ROS_DEBUG_STREAM("currentRow: " << pos);
if(pos == -1) return;
navigation_app::rm_pose srv;
srv.request.pose_list_name = ui->lineEdit_list_name->text().toStdString();
ROS_DEBUG_STREAM("remove list: "<< ui->lineEdit_list_name->text().toStdString());
srv.request.pose.x = ui->tableWidget_nav_station->item(pos ,0)->text().toDouble();
```

```
srv.request.pose.y = ui->tableWidget_nav_station->item(pos ,1)->text().toDouble();
srv.request.pose.theta = ui->tableWidget_nav_station->item(pos ,2)->text().toDouble();
if(rm_clt.call(srv)) {
if(srv.response.success == true) {
ROS_DEBUG_STREAM("rm pose success");
} else {
ROS_DEBUG_STREAM("rm pose failed");
}
}

}

void NavApp::destory_navapp()
{
ROS_DEBUG_STREAM("destory nav app");
}

void NavApp::on_cellChanged(int row, int column)//修改导航点
{
ROS_DEBUG_STREAM("cell changed [" << row << " " <<column << "]");
bool ok;
std::string list_name = ui->lineEdit_list_name->text().toStdString();
double data = ui->tableWidget_nav_station->item(row, column)->text().toDouble(&ok);
navigation_app::modify_pose srv;
srv.request.pose_list_name = list_name;
Pose2D old_pose = named_pose_array_[list_name][row];
Pose2D new_pose = named_pose_array_[list_name][row];
srv.request.old_pose.x = old_pose.x_;
srv.request.old_pose.y = old_pose.y_;
srv.request.old_pose.theta = old_pose.th_;
srv.request.new_pose.x = old_pose.x_;
srv.request.new_pose.y = old_pose.y_;
srv.request.new_pose.theta = old_pose.th_;

if(ok) {
//ROS_DEBUG_STREAM("data: " << data<< " " << "p" << p);
switch(column) {
case 0:
//p.x_  = int(data * 100)/100.f;
srv.request.new_pose.x = data;
break;
case 1:
//p.y_  = int(data * 100)/100.f;
srv.request.new_pose.y = data;
break;
case 2:
```

```
//p.th_   = int(data * 100)/100.f;
srv.request.new_pose.theta = data;
break;
}
if(mod_clt.call(srv)) {//请求 modify_pose 服务?
if(srv.response.success) {
ROS_DEBUG_STREAM("call modify_pose success");
}
}
}
}

void NavApp::on_add() //添加导航点
{
ROS_DEBUG_STREAM("on add");
if(ui->lineEdit_list_name->text().toStdString() == "") return;
QDialog input;
QLabel label("X,Y,Theta"); //窗口标签
QLineEdit data_input;
data_input.setText("0, 0, 0");//初始值
QPushButton ok("OK"); //确认按钮
QPushButton cancel ("cancel"); //取消按钮

QGridLayout grid_layout; //用于格栅布局
grid_layout.addWidget(&label, 0, 0);
grid_layout.addWidget(&data_input, 0, 1);

grid_layout.addWidget(&ok, 3, 1);
grid_layout.addWidget(&cancel, 3, 0);

input.setLayout(&grid_layout);
connect(&ok, SIGNAL(clicked(bool)), &input, SLOT(accept()));//按钮 ok 发送信号 clicked()与槽
//accept()关联,接受数据
connect(&cancel, SIGNAL(clicked(bool)), &input, SLOT(reject()));//按钮 ancel 发送信号 clicked()
//与槽 reject()关联,拒绝数据
if(input.exec()) {
auto data = data_input.text().split(',');
bool ok_x, ok_y, ok_th;
double x = data[0].toDouble(&ok_x);
double y = data[1].toDouble(&ok_y);
double th = data[2].toDouble(&ok_th);
if(ok_x && ok_y && ok_th) {
navigation_app::add_pose srv;//创建 add_pose 的一个对象 srv

/* 请求的服务的参数 */
srv.request.pose_list_name = ui->lineEdit_list_name->text().toStdString();
```

```
srv.request.pose.x = (int)100 * x/100.f;
srv.request.pose.y = (int)100 * y/100.f;
srv.request.pose.theta = int(100 * th)/100.f;
if(add_clt.call(srv)) { //请求服务
ROS_DEBUG_STREAM("call add_pose srv success");
} else {
ROS_DEBUG_STREAM("call add_pose srv failed");
}
}
}
}

void NavApp::on_changeListName() //更改列表名字
{
ROS_DEBUG_STREAM("on finshed");
list_name_ = ui->lineEdit_list_name->text().toStdString();
}

void NavApp::manager_work()
{
bool ok = false;
int data = ui->lineEdit_loop_times->text().toInt(&ok);
if(ok == false) return ; //检查 data 是否正确
int loop = data;//获取循环次数
auto it = named_pose_array_.find(list_name_);
if(it == named_pose_array_.end()) {
ROS_DEBUG_STREAM("navigation list invalid");
return;
}
usleep(100);
while(loop --> 0) {
ROS_DEBUG_STREAM("nav start");
int i = 0;
for(auto it_pose = named_pose_array_[list_name_].begin();
it_pose != named_pose_array_[list_name_].end(); it_pose ++ ) {
emit goalExecuting(i);
i ++ ;
boost::mutex::scoped_lock manager_lock(manager_mutex_);
current_goal_ = * it_pose;//获取正确的导航目标点
usleep(20);     //休眠 20ms
ROS_DEBUG_STREAM("[current pose, goal pose]: " << '[' << current_pose_ << " " <<     current_
goal_ << "]");
exec_cond_.notify_one();
ROS_DEBUG_STREAM("exec mutex wait...");
manager_lock.unlock();
boost::mutex::scoped_lock exec_lock(exec_mutex_);//线程加锁
```

```
exec_cond_.wait(exec_lock);
manager_lock.lock();
ROS_DEBUG_STREAM("current pose: " << current_pose_);
exec_lock.unlock(); //解锁
usleep(20);
}
ROS_DEBUG_STREAM("----------------------------");
}
ui->pushButton_start_nav->setEnabled(true);
ui->pushButton_add_station->setEnabled(true);
ui->pushButton_rm_station->setEnabled(true);
emit goalExecuting(-1);
}

void NavApp::exec_work()//导航点计算
{
tf::Quaternion quat;
move_base_msgs::MoveBaseGoal goal;
while(ros::ok()) {
boost::mutex::scoped_lock manager_lock(manager_mutex_); //线程加锁保护
ROS_DEBUG_STREAM("manager mutex wait...");
exec_cond_.wait(manager_lock);
boost::mutex::scoped_lock exec_lock(exec_mutex_); //线程加锁保护
ROS_DEBUG_STREAM("navigation start current goal: " << current_goal_);
quat.setRPY(0.0, 0.0, current_goal_.th_);//将偏航角换算成四元数
goal.target_pose.header.frame_id = "map";
goal.target_pose.header.stamp = ros::Time::now();
goal.target_pose.pose.orientation.w = quat.getW();
goal.target_pose.pose.orientation.x = quat.getX();
goal.target_pose.pose.orientation.y = quat.getY();
goal.target_pose.pose.orientation.z = quat.getZ();
goal.target_pose.pose.position.x = current_goal_.x_;
goal.target_pose.pose.position.y = current_goal_.y_;

nav_client_->sendGoal(goal);
isRunning_ = true;
nav_client_->waitForResult();
isRunning_ = false;
if(nav_client_->getState() == actionlib::SimpleClientGoalState::SUCCEEDED) {
current_pose_ = current_goal_;
ROS_DEBUG_STREAM("navigation finished: " << current_goal_);
} else {
ROS_DEBUG_STREAM("navigation failed");
}

ROS_DEBUG_STREAM("navigation finished: " << current_goal_);
```

```
exec_cond_.notify_one();
exec_lock.unlock();//解锁
usleep(20);
manager_lock.unlock(); //解锁
}
}

void NavApp::on_start() //发送导航点,开始导航
{
try {
nav_exec_.interrupt();
} catch (boost::thread_exception ex) {
ROS_DEBUG_STREAM("nav_exec_ interrupt: " << ex.what());
}
nav_exec_.join();
ui->pushButton_start_nav->setEnabled(false);
ui->pushButton_rm_station->setEnabled(false);
ui->pushButton_add_station->setEnabled(false);

nav_exec_ = boost::thread(boost::bind(&NavApp::exec_work, this));
nav_manager_ = boost::thread(boost::bind(&NavApp::manager_work, this));
}

void NavApp::on_stop() //停止导航
{
isRunning_ = false;
nav_client_->cancelAllGoals();

/*异常处理*/
try {
if(! nav_exec_.timed_join(boost::posix_time::millisec(10)));
nav_exec_.interrupt();
} catch (boost::thread_exception ex) {
ROS_DEBUG_STREAM("exec thread interrupt: " << ex.what());
}

try {
if(! nav_manager_.timed_join(boost::posix_time::millisec(10)));
nav_manager_.interrupt();
} catch (boost::thread_exception ex) {
ROS_DEBUG_STREAM("manager thread interrupt: " << ex.what());
}
nav_exec_.join();
nav_manager_.join();

goalExecuting(-1);
```

```
ui->pushButton_start_nav->setEnabled(true);
ui->pushButton_add_station->setEnabled(true);
ui->pushButton_rm_station->setEnabled(true);
usleep(100);
ROS_DEBUG_STREAM("on stop");
}

void NavApp::on_GoalExcuting(int row)
{
for(int i=0; i< ui->tableWidget_nav_station->rowCount(); i++) {
for(int j=0; j<3; j++) {
if(i==row)
ui->tableWidget_nav_station->item(i, j)->setBackground(QBrush(QColor(150, 150, 0)));
else
ui->tableWidget_nav_station->item(i, j)->setBackground(QBrush(QColor(255, 255, 255)));
}
}
}

void NavApp::on_statusCheck()//导航状态
{
if(! isRunning_) {
ui->label_status->setText("not runing\n");
ui->tableWidget_nav_station->setEditTriggers(QAbstractItemView::AllEditTriggers);
ui->lineEdit_list_name->setEnabled(true);
ui->lineEdit_loop_times->setEnabled(true);
return;
}
ui->tableWidget_nav_station->setEditTriggers(QAbstractItemView::NoEditTriggers);
ui->lineEdit_list_name->setEnabled(false);
ui->lineEdit_loop_times->setEnabled(false);

actionlib::SimpleClientGoalState state = nav_client_->getState();
if(state == actionlib::SimpleClientGoalState::PENDING)
ui->label_status->setText("PENDING\n");
else if(state == actionlib::SimpleClientGoalState::ACTIVE)
ui->label_status->setText("ACTIVE\n");
else if(state == actionlib::SimpleClientGoalState::RECALLED)
ui->label_status->setText("RECALLED\n");
else if(state == actionlib::SimpleClientGoalState::REJECTED)
ui->label_status->setText("REJECTED\n");
else if(state == actionlib::SimpleClientGoalState::PREEMPTED)
ui->label_status->setText("PREEMPTED\n");
else if(state == actionlib::SimpleClientGoalState::ABORTED)
ui->label_status->setText("ABORTED\n");
```

```
else if(state == actionlib::SimpleClientGoalState::SUCCEEDED)
ui->label_status->setText("SUCCEEDED\n");
else if(state == actionlib::SimpleClientGoalState::LOST)
ui->label_status->setText("LOST\n");
else ui->label_status->setText("UNKONWN\n");
}

void NavApp::amcl_callback(const geometry_msgs::PoseWithCovarianceStamped::ConstPtr& pose)
//当前位姿
{
current_pose_.x_ = int(pose->pose.pose.position.x * 100)/100.f;
current_pose_.y_ = int(pose->pose.pose.position.y * 100)/100.f;
ui->lineEdit_current_pose->setText(QString::number(current_pose_.x_) + QString(",") +
QString::number(current_pose_.y_));
}

void NavApp::list_callback(const navigation_app::pose_list::ConstPtr& pose_list)
{
std::vector<Pose2D> list;
for(auto it = pose_list->poses.begin(); it != pose_list->poses.end(); it++) {
list.push_back(pose_form_ros( * it));
}
named_pose_array_[pose_list->name] = list;
}


NavApp::NavApp(QWidget * parent):rviz::Panel(parent),ui(new Ui::Form),timer_(new QTimer)
{
if( ros::console::set_logger_level(ROSCONSOLE_DEFAULT_NAME, ros::console::levels::Debug) ) {
ros::console::notifyLoggerLevelsChanged();
}
ui->setupUi(this);
pose_sub_ = nh_.subscribe<geometry_msgs::PoseWithCovarianceStamped>("/amcl_pose", 1,
&NavApp::amcl_callback, this);
list_sub_ = nh_.subscribe<navigation_app::pose_list>("pose_set", 10, &NavApp::list_call-
back, this);//订阅话题 apose_set 上 navigation_app::pose_list 类型的消息,调用回调函数

rm_clt = nh_.serviceClient<navigation_app::rm_pose>("rm_pose"); //请求 rm_pose 服务的客户端
add_clt = nh_.serviceClient<navigation_app::add_pose>("add_pose");//请求 add_pose 服务的客户端
mod_clt = nh_.serviceClient<navigation_app::modify_pose>("modify_pose");//请求 modify_pose
//服务的客户端
pub_ = nh_.advertise<visualization_msgs::MarkerArray>("nav_station", 10); //发布话题 nav_
//station 上 visualization_msgs::MarkerArray 类型的消息
```

get_points.app 代码如下：

```
#include "map"
#include "string"
#include "list"
#include "iostream"
#include "algorithm"
#include "boost/bind.hpp"
#include "ros/ros.h"

#include "geometry_msgs/PointStamped.h"
#include "geometry_msgs/Pose2D.h"
#include "geometry_msgs/PoseArray.h"
#include "navigation_app/add_pose.h"
#include "navigation_app/modify_pose.h"
#include "navigation_app/rm_pose.h"
#include "navigation_app/print_pose.h"
#include "navigation_app/pose_list.h"

struct Pose2D {
Pose2D(double x, double y, double th):x_(x), y_(y), th_(th) {}
double x_, y_, th_;
};

std::ostream& operator<<(std::ostream& os, const Pose2D& p) //"<<"运算符重载
{
return os << '[' << p.x_ << ' ' << p.y_ << ' ' << p.th_ << ']';
}


Pose2D pose_form_ros(const geometry_msgs::Pose2D& ros_pose)
{
return Pose2D(int(ros_pose.x * 100)/100.f, int(ros_pose.y * 100)/100.f, int(ros_pose.theta *
100)/100.f);
}

geometry_msgs::Pose2D to_ros_pose(const Pose2D& p)
{
geometry_msgs::Pose2D pose;
pose.x = ((int)(p.x_ * 100))/100.f;
pose.y = ((int)(p.y_ * 100))/100.f;
pose.theta = (int)(p.th_ * 100)/100.f;
return pose;
}


typedef std::map<std::string, std::vector<Pose2D> > NamedPoseArray;//创建¡§std::map<
std::string, std::vector<Pose2D> >类的别名 NamePoseArray
```

```
NamedPoseArray named_pose_array; //实例化一个类的对象

bool operator==(const Pose2D& p1,const Pose2D& p2 ) //"=="运算符重载
{
if( p1.x_ == p2.x_ && p1.y_ == p2.y_ && p1.th_ == p2.th_)
return true;
return false;
}

bool add_pose(navigation_app::add_pose::Request& req,
navigation_app::add_pose::Response& res) //添加导航目标点
{

std::string name = req.pose_list_name; //获取请求的目标点列表名字
if( name == "") { //如果列表名字为空
ROS_WARN_STREAM("name must no empty"); //警告
res.message = "add pose failed, no name"; //返回失败信息
res.success = false;
return true;
}
ROS_DEBUG_STREAM("pose list name " << name); //打印列表名
NamedPoseArray::iterator it = named_pose_array.find(name);//创建一个对象 it 获取列表
if(it != named_pose_array.end()) {//如果与最后一个列表不相等,就说明存在请求的列表,可以向其
//中添加导航点
ROS_DEBUG_STREAM("find list name: " << name);
auto it_pose = std::find(named_pose_array[name].begin(), named_pose_array[name].end(),
pose_form_ros(req.pose)); //搜索 named_pose_array 中与请求的 pose 相等的数据,若找到就返回第一
//个相等的数据,若没找到就返回 named_pose_array[name].end()
if(it_pose != named_pose_array[name].end()) {//如果不相等,则说明请求的导航点已经存在了,无法
//添加相同的点
ROS_WARN_STREAM("the pose already in list: " << name << ", do nothing");
res.message = std::string("the pose already in list: ") + name + std::string( ", add failed");
res.success = false;
return true;
} else { //如果请求的导航点不存在,则说明请求的点可以添加
named_pose_array[name].push_back(pose_form_ros(req.pose));
ROS_DEBUG_STREAM("pose: " << pose_form_ros(req.pose));
}

} else { //如果不存在请求的列表,则创建一个新的列表
ROS_DEBUG_STREAM("cannot find list name: " << name << ", create new list");
named_pose_array[name] = std::vector<Pose2D>();
named_pose_array[name].push_back(pose_form_ros(req.pose)); //向新的列表中存放请求的导航点
ROS_DEBUG_STREAM("pose: " << pose_form_ros(req.pose));
}
res.message = "add pose success";
```

```
res.success = true;

return true;
}


bool modify_pose(navigation_app::modify_pose::Request& req,
navigation_app::modify_pose::Response& res) //修改导航点
{
std::string name = req.pose_list_name;
if( name == "") {//请求的列表名字为空
ROS_WARN_STREAM("name must no empty");
res.message = "modify pose failed, no name";
res.success = false;
return true;
}
ROS_DEBUG_STREAM("pose list name " << name);
NamedPoseArray::iterator it = named_pose_array.find(name);//创建一个对象 it 获取列表
if(it != named_pose_array.end()) {//如果与最后一个列表不相等,就说明存在请求的列表
ROS_DEBUG_STREAM("find list name: " << name);
auto it_pose = std::find(named_pose_array[name].begin(), named_pose_array[name].end(), pose_
form_ros(req.old_pose));//搜索 named_pose_array 中与请求修改的 pose,若找到就返回第一个相等的
//数据的指针地址,若没找到就返回 named_pose_array[name].end()指针地址
if(it_pose != named_pose_array[name].end()) {//如果不相等,则说明请求的导航点存在,可以修改
*it_pose = pose_form_ros(req.new_pose); //替换为新的点
ROS_DEBUG_STREAM("old_pose:" << pose_form_ros(req.old_pose));
ROS_DEBUG_STREAM("new_pose:" << pose_form_ros(req.new_pose));
res.message = std::string("modify pose in list: ") + name + std::string(" success");
res.success = true;
return true;
} else {//不存在请求的点
ROS_WARN_STREAM("the pose in list: " << name << ", cannot find");
}

} else { //不存在请求的列表
ROS_DEBUG_STREAM("cannot find list: " << name);
res.message = std::string("cannot find list: ") + name;
res.success = false;
}
return true;
}


bool rm_pose(navigation_app::rm_pose::Request& req,
navigation_app::rm_pose::Response& res) //删除导航点
{
```

```
std::string name = req.pose_list_name;
if( name == "") {
ROS_WARN_STREAM("name must no empty");
res.message = "failed";
res.success = false;
return true;
}
ROS_DEBUG_STREAM("pose list name " << name);
NamedPoseArray::iterator it = named_pose_array.find(name);
if(it != named_pose_array.end()) {//存在请求的列表
auto it_pose = std::find(named_pose_array[name].begin(), named_pose_array[name].end(), pose_
form_ros(req.pose));//搜索 named_pose_array 中与请求删除的 pose,若找到就返回第一个相等的数
//据,若没找到就返回 named_pose_array[name].end()
if(it_pose != named_pose_array[name].end()) {//请求的导航点存在,可以删除操作
named_pose_array[name].erase(it_pose);
ROS_DEBUG_STREAM("pose:" << *it_pose);
res.message = " success";
res.success = true;
return true;
} else { //不存在请求的点,无法操作
ROS_WARN_STREAM("the pose in list: " << name << ", cannot find");
}
} else { //请求的列表不存在,无法操作
ROS_DEBUG_STREAM("cannot find list: " << name);
res.message = "failed";
res.success = false;
}
return true;
}

bool print_pose(navigation_app::print_pose::Request& req,
navigation_app::print_pose::Response& res) //发布列表中的所有导航点
{
std::string name = req.pose_list_name;
if( name == "") {//如果列表名为空
ROS_WARN_STREAM("name is empty, print all list name");
auto it = named_pose_array.begin();
res.list_name = "[ ";
for(it; it != named_pose_array.end(); it++) {
ROS_DEBUG_STREAM( it->first);
res.list_name += std::string(it->first + std::string(" "));
}//列出所有的列表名字
res.list_name += "]";
res.message = "success";
res.success = true;
return true;
```

```
}
ROS_DEBUG_STREAM("pose list name " << name);
auto it = named_pose_array.find(name);
if(it != named_pose_array.end()) { //请求的列表存在
auto it_pose = named_pose_array[name].begin();
for(it_pose; it_pose != named_pose_array[name].end(); it_pose++ ) {
res.poses.push_back(to_ros_pose( * it_pose));
}//响应返回所有的导航点数据
res.list_name = name;
res.message = "success";
res.success = true;
} else {//请求的列表不存在,无法操作
res.list_name = name;
res.message = "failed";
res.success = false;
}
}


int main(int argc, char * * argv)
{
if( ros::console::set_logger_level(ROSCONSOLE_DEFAULT_NAME, ros::console::levels::Debug) ) {
ros::console::notifyLoggerLevelsChanged();
}
ros::init(argc, argv, "pose_set"); //初始化节点
ros::NodeHandle nh; //创建节点句柄
//ros::Subscriber sub = nh.subscribe<geometry_msgs::PointStamped>("clicked_point", 10,
//callback);
ros::Publisher pub = nh.advertise<navigation_app::pose_list>("pose_set", 10); //创建发布者,
//发布话题 pose_set 上的 navigation_app::poslist 类型的消息
ros::ServiceServer add_pose_srv = nh.advertiseService("add_pose", add_pose); //创建名为 add_
//pose的 server,注册并调用回调函数 add_pose
ros::ServiceServer modify_pose_srv = nh.advertiseService("modify_pose", modify_pose); //创建名
//为amodify_pose 的 server,注册并调用回调函数 modify_pose
ros::ServiceServer rm_pose_srv = nh.advertiseService("rm_pose", rm_pose);//创建名为 rm_pose 的
//server,注册并调用回调函数 rm_pose
ros::ServiceServer print_pose_srv = nh.advertiseService("print_pose", print_pose);//创建名为
//print_pose 的 server,注册并调用回调函数 print_pose
ros::Rate loop(100); //设置循环频率
while(ros::ok()) {
auto it = named_pose_array.begin();
for(it; it != named_pose_array.end(); it++ ) {
navigation_app::pose_list msg; //实例化一个消息对象
msg.name = it->first;
for(auto it_pose = it->second.begin(); it_pose != it->second.end(); it_pose++ ) {
msg.poses.push_back(to_ros_pose( * it_pose)); //依次将值填入 msg.poses 中
```

```
}
pub.publish(msg); //发布消息
}
ros::spinOnce(); //循环等待回调函数
loop.sleep(); //按照循环频率延时
}

//ros::spin();
return 0;
}
```

8.3.3 amcl 节点分析

蒙特卡洛定位节点 amcl：amcl 节点输入激光地图、激光扫描和 tf 转换信息，输出位姿估计。amcl 在启动时依据提供的参数完成粒子滤波器初始化。

1. 订阅话题

坐标转换信息/tf(tf/tfMessage)；

导航地图信息/map(nav_msgs/OccupancyGrid)；

初始姿态/initialpose(geometry_msgs/PoseWithCovarianceStamped)；

激光扫描/scan(sensor_msgs/LaserScan)。

2. 发布话题

位姿估计/amcl_pose(geometry_msgs/PoseWithCovarianceStamped)；

粒子滤波器维护的位姿估计集合/particlecloud(geometry_msgs/PoseArray)；

坐标转换信息/tf(tf/tfMessage)。

3. 服　务

global_localization(std_srvs/Empty)，用于启动全局定位，其中所有粒子随机分散通过地图中的自由空间。

8.3.4 launch 文件分析

1. 自适应蒙特卡洛定位导航算法的 launch 文件

自适应蒙特卡洛定位导航算法的 launch 文件位置：~/bobac2_ws/bobac2_naigation/launch/amcl.launch，分析如下：

```
<launch>
<arg name = "use_map_topic" default = "false"/>
<arg name = "scan_topic" default = "scan"/>
<node pkg = "amcl" type = "amcl" name = "amcl" clear_params = "true"> //启动 amcl 节点
```

```
<param name="use_map_topic" value="$(arg use_map_topic)"/>
<param name="initial_pose_x" value="0"/> //初始位姿均值(x),用于初始化高斯分布滤波器
<param name="initial_pose_y" value="0.0"/> //初始位姿均值(y),用于初始化高斯分布滤波器
<param name="initial_pose_a" value="0.0"/> //初始位姿均值(yaw),用于初始化高斯分布滤波器
<!--param name="odom_frame_id" value="/odom"/>
<param name="base_frame_id" value="/base_footprint"/>
<param name="global_frame_id" value="/map"/-->
<!-- Publish scans from best pose at a max of 10 Hz -->
<param name="odom_model_type" value="diff"/>//模型使用
<param name="odom_alpha5" value="0.1"/>//平移相关的噪声参数
<param name="gui_publish_rate" value="10.0"/>//扫描和路径发布到可视化软件的最大频率,设
//置参数为-1.0意为失能此功能,默认-1.0
<param name="laser_max_beams" value="60"/>//更新滤波器时,每次扫描中多少个等间距的光束被使用
<param name="laser_max_range" value="12.0"/>//被考虑的最大扫描范围;参数设置为-1.0时,将
//会使用激光上报的最大扫描范围
<param name="min_particles" value="500"/> //允许的粒子数量的最小值,默认100
<param name="max_particles" value="2000"/> //允许的例子数量的最大值,默认5000
<param name="kld_err" value="0.05"/> //真实分布和估计分布之间的最大误差,默认0.01
<param name="kld_z" value="0.99"/>//上标准分位数(1-p),其中p是估计分布上误差小于kld_
//err的概率,默认0.99
<param name="odom_alpha1" value="0.2"/>//指定由机器人运动部分的旋转分量估计的里程计旋转
//的期望噪声,默认0.2
<param name="odom_alpha2" value="0.2"/>//指定由机器人运动部分的平移分量估计的里程计旋转
//的期望噪声,默认0.2
<!-- translation std dev, m -->
<param name="odom_alpha3" value="0.2"/>//指定由机器人运动部分的平移分量估计的里程计平移
//的期望噪声,默认0.2
<param name="odom_alpha4" value="0.2"/>//指定由机器人运动部分的旋转分量估计的里程计平移
//的期望噪声,默认0.2
<param name="laser_z_hit" value="0.5"/>//模型的z_hit部分的最大权值,默认0.95
<param name="laser_z_short" value="0.05"/>//模型的z_short部分的最大权值,默认0.1
<param name="laser_z_max" value="0.05"/>//模型的z_max部分的最大权值,默认0.05
<param name="laser_z_rand" value="0.5"/>//模型的z_rand部分的最大权值,默认0.05
<param name="laser_sigma_hit" value="0.2"/>//被用在模型的z_hit部分的高斯模型的标准差,默
//认0.2m
<param name="laser_lambda_short" value="0.1"/>//模型z_short部分的指数衰减参数,默认0.1
<param name="laser_model_type" value="likelihood_field"/>//模型使用,默认是likehood_field
<!-- <param name="laser_model_type" value="beam"/> -->
<param name="laser_likelihood_max_dist" value="2.0"/>//地图上做障碍物膨胀的最大距离,用作
//likehood_field模型
<param name="update_min_d" value="0.25"/>//在执行滤波更新前平移运动的距离,默认0.2m
<param name="update_min_a" value="0.2"/>//在执行滤波更新前 旋转的角度,默认pi/6rad
<param name="odom_frame_id" value="odom"/>//里程计默认使用的坐标系
<param name="resample_interval" value="1"/>//在重采样前需要的滤波更新的次数,默认2
```

```
<! -- Increase tolerance because the computer can get quite busy -->
<param name = "transform_tolerance" value = "1.0"/>//tf 变换发布推迟的时间
<param name = "recovery_alpha_slow" value = "0.0"/>//慢速的平均权重滤波的指数衰减频率,用作决
//定什么时候通过增加随机位姿来 recover,默认 0(disable)
<param name = "recovery_alpha_fast" value = "0.0"/>//快速的平均权重滤波的指数衰减频率,用作决
//定什么时候通过增加随机位姿来 recover,默认 0(disable)
<remap from = "scan" to = " $ (arg scan_topic)"/>
</node>
</launch>
```

2. 机器人 move_base 启动的 launch 文件

机器人 move_base 启动的 launch 文件位置:~/bobac2_ws/bobac2_naigation/launch/move_base.launch,分析如下:

```
<launch>
<arg name = "odom_frame_id"   default = "odom"/>
<arg name = "base_frame_id"   default = "base_footprint"/>
<arg name = "global_frame_id" default = "map"/>
<arg name = "odom_topic" default = "odom" />
<arg name = "laser_topic" default = "scan" />
<arg name = "custom_param_file" default = " $ (find bobac2_navigation)/param/dummy.yaml"/>
<node pkg = "move_base" type = "move_base" respawn = "false" name = "move_base" output = "screen">
//打开 move_base 节点
<rosparam file = " $ (find bobac2_navigation)/param/costmap_common_params.yaml" command = "load"
ns = "global_costmap" /> //加载通用配置参数,设置全局代价节点
<rosparam file = " $ (find bobac2_navigation)/param/costmap_common_params.yaml" command = "load"
ns = "local_costmap" />  //设置局部代价节点
<rosparam file = " $ (find bobac2_navigation)/param/local_costmap_params.yaml" command = "load" />
//调用局部代价地图配置数据
<rosparam file = " $ (find bobac2_navigation)/param/global_costmap_params.yaml" command = "load" />
//调用全局代价地图配置数据
<rosparam file = " $ (find bobac2_navigation)/param/dwa_local_planner_params.yaml" command =
"load" />  //调用 DWA 局部规划器配置文件
<rosparam file = " $ (find bobac2_navigation)/param/move_base_params.yaml" command = "load" />
//调用 move_base 配置文件
<rosparam file = " $ (find bobac2_navigation)/param/global_planner_params.yaml" command = "load" />
//调用全局规划器配置文件
<rosparam file = " $ (find bobac2_navigation)/param/navfn_global_planner_params.yaml" command
= "load" /> //调用 navfn 全局规划器配置文件
<! -- external params file that could be loaded into the move_base namespace -->
<rosparam file = " $ (arg custom_param_file)" command = "load" />  //调用 dummy 配置文件
<! -- reset frame_id parameters using user input data -->
<param name = "global_costmap/global_frame" value = " $ (arg global_frame_id)"/>
<param name = "global_costmap/robot_base_frame" value = " $ (arg base_frame_id)"/>
<param name = "local_costmap/global_frame" value = " $ (arg odom_frame_id)"/>
```

```
<param name = "local_costmap/robot_base_frame" value = " $ (arg base_frame_id)"/>
<param name = "DWAPlannerROS/global_frame_id" value = " $ (arg odom_frame_id)"/>
<remap from = "odom" to = " $ (arg odom_topic)"/>
<remap from = "scan" to = " $ (arg laser_topic)"/>
</node>
</launch>
```

3. 地图服务器 launch 文件

地图服务器 launch 文件位置：～/bobac2_ws/bobac2_naigation/launch/map_server.launch，分析如下：

```
<launch>
<arg name = "map_file" default = "  $ (find bobac2_navigation)/maps/office.yaml"/>
<! -- willowgarage_world -->
<! --   * * * * * * Maps * * * * *   -->
<node name = "map_server" pkg = "map_server" type = "map_server" args = " $ (arg map_file)">
//打开 map_server 节点,加载地图的路径以及地图名称,默认是～/bobac2_ws/src/bobac2_map/maps 下
//的office 地图,当然自己可以根据自己的情况更改。仿真时请使用 room 地图。
<param name = "frame_id" value = "/map"/>
</node>
</launch>
```

4. 自主导航仿真开启的 launch 文件

自主导航仿真开启的 launch 文件分析如下：

```
<! -- bobac2 navigation simulation:  - gazebo  - map_server  - move_base  - amcl  - rviz view -->
<launch>
<! -- bobac2 model description -->
<include file = " $ (find bobac2_description)/launch/gazebo.launch" /> //打开 gazebo 仿真
<! -- bobac2 base & kinematics -->
<include file = " $ (find bobac2_base)/launch/bobac2_base.launch" /> //打开底盘控制
<include file = " $ (find bobac2_joy)/launch/bobac2_joy.launch" /> //打开手柄控制
<include file = " $ (find rplidar_ros)/launch/rplidar.launch" /> //打开激光雷达
<! -- map_server -->
<include file = " $ (find bobac2_navigation)/launch/map_server.launch"/> //启动地图服务器
<! -- move_base -->
<include file = " $ (find bobac2_navigation)/launch/move_base.launch"/> //启动 move_base 节点
<! -- amcl -->
<include file = " $ (find bobac2_navigation)/launch/amcl.launch"/> //启动 AMCL 定位
<! --   * * * * * * * * * * * * * * * * Visualisation * * * * * * * * * * * * * * * *   -->
<node name = "rviz" pkg = "rviz" type = "rviz" args = " - d $ (find
bobac2_navigation)/rviz/robot_navigation.rviz -- log - level - debug" output = "screen" /> //打开 rviz
</launch>
```

5. 真实机器人自主导航开启的 launch 文件

真实机器人自主导航开启的 launch 文件分析如下：

```
<! -- bobac2 navigation simulation:  - gazebo  - map_server  - move_base  - amcl  - rviz view -->
<launch>

<! -- bobac2 model description -->
<param name = "robot_description" textfile = " $ (find bobac2_description)/urdf/bobac2_description.urdf" /> //加载机器人模型
<node name = "joint_state_publisher" pkg = "joint_state_publisher" type = "joint_state_publisher" /> //打开 joint_state_publisher 节点,发布机器人关节状态
<node name = "robot_state_publisher" pkg = "robot_state_publisher" type = "state_publisher" />
//robot_state_publisher 节点,发布 tf

<! --  bobac2 base & kinematics -->
<include file = " $ (find bobac2_base)/launch/bobac2_base.launch" /> //打开底盘控制
<include file = " $ (find bobac2_joy)/launch/bobac2_joy.launch" /> //打开手柄控制
<include file = " $ (find rplidar_ros)/launch/rplidar.launch" /> //打开激光雷达
<! -- map_server -->
<include file = " $ (find bobac2_navigation)/launch/map_server.launch"/> //启动地图服务器
<! -- move_base -->
<include file = " $ (find bobac2_navigation)/launch/move_base.launch"/> //启动 move_base 节点
<! -- amcl -->
<include file = " $ (find bobac2_navigation)/launch/amcl.launch"/> //启动 AMCL 定位

<! --    ****************Visualisation ****************   -->
<node name = "rviz" pkg = "rviz" type = "rviz" args = " - d  $ (find bobac2_navigation)/rviz/robot_navigation.rviz  -- log - level - debug" output = "screen" /> //打开 rviz
</launch>
```

8.4 机器人 Navigation 自主导航实验步骤

8.4.1 仿真机器人自主导航

1. 单点导航

在终端输入：

```
$ roslaunch bobac2_navigation demo_nav_2d.launch
```

弹出 gazebo 和 rviz，rviz 上出现要保存的地图，如图 8.16 和图 8.17 所示。

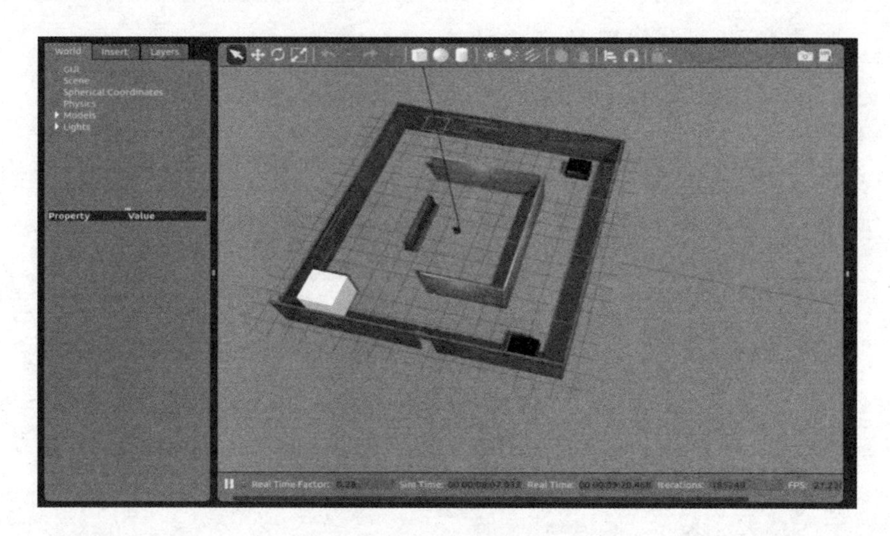

图 8.16　gazebo 仿真

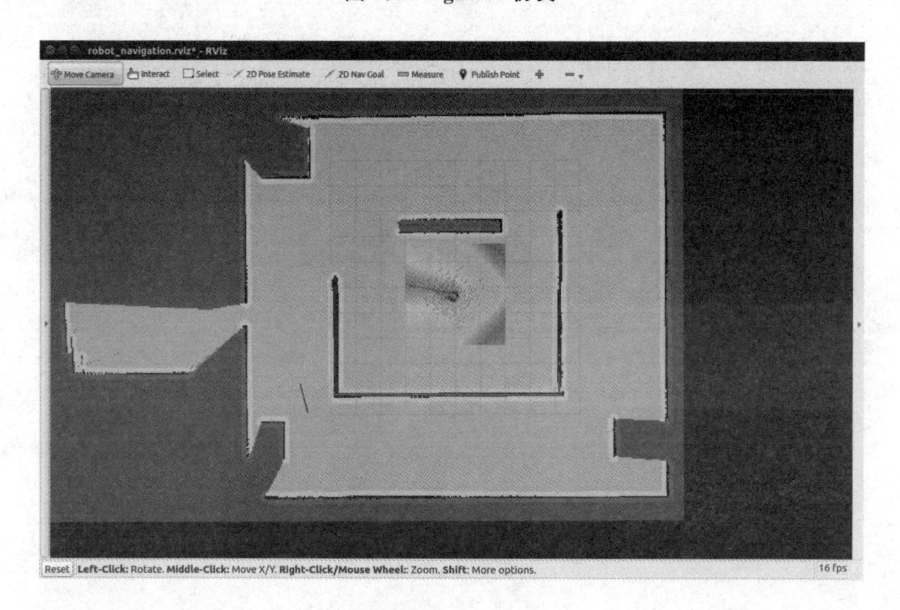

图 8.17　rviz 导航

2. 多点循环导航

在单点导航的基础上,打开新终端,输入:

```
$ rosrun  navigation_app  get_points
```

在 rviz 的菜单栏依次单击"Panels"→"Add New Panel"→"NavApp",完成后会出一个新窗口,如图 8.18 所示。

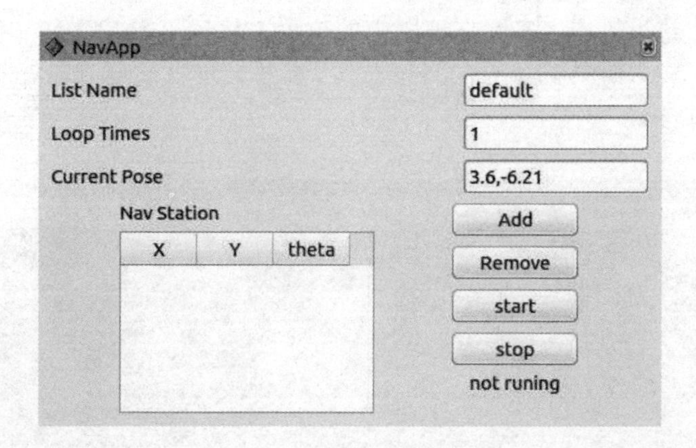

图 8.18　NavApp 窗口

单击"Add"添加想让机器人到达的目标点若干,"Loop Times"设置循环次数,"Current Pose"显示当前坐标,单击"start"开始导航,单击"stop"停止,如图 8.19 所示。

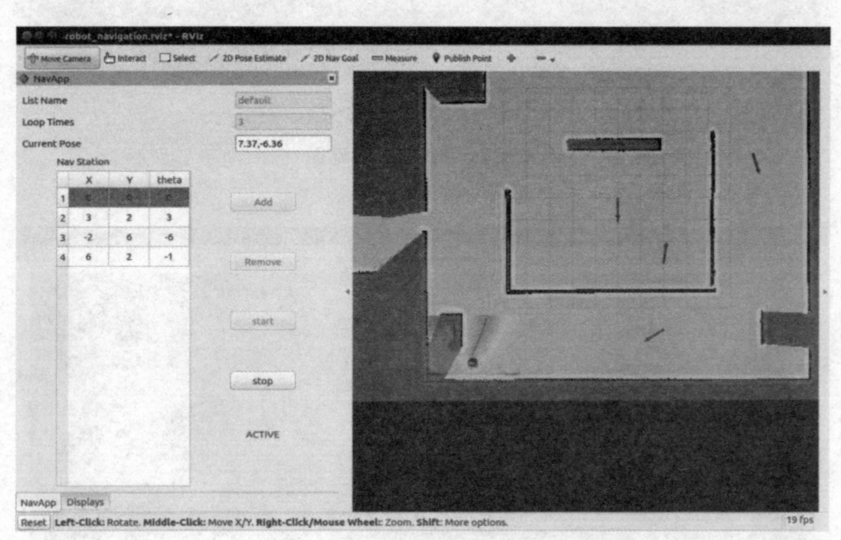

图 8.19　多点导航

8.4.2　真实机器人自主导航

在终端输入:

```
$ roslaunch bobac2_navigation bobac2_nav.launch
```

弹出的 rviz 上出现保存的地图,如图 8.20 所示。

要准确地导航,首先要给出机器人的初始位置,使用菜单栏中的"2D Pose Estimate”在地图中给出机器人实际在地图中的位置。然后单击“2D Nav Goal”，在图中任意位置标注箭头，给出机器人的目标位置，机器人将自动规划路径移动到箭头位置，如图 8.21 所示。

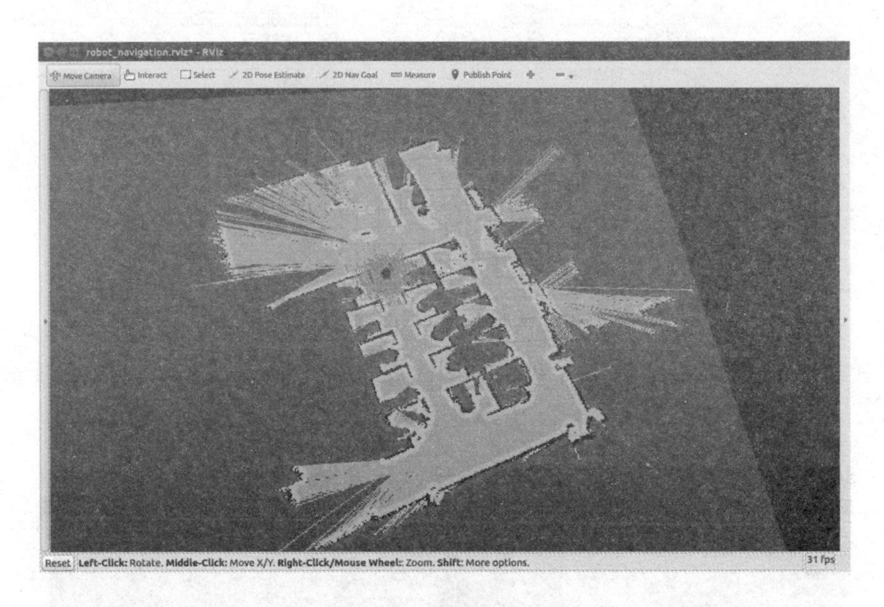

图 8.20　小车导航地图

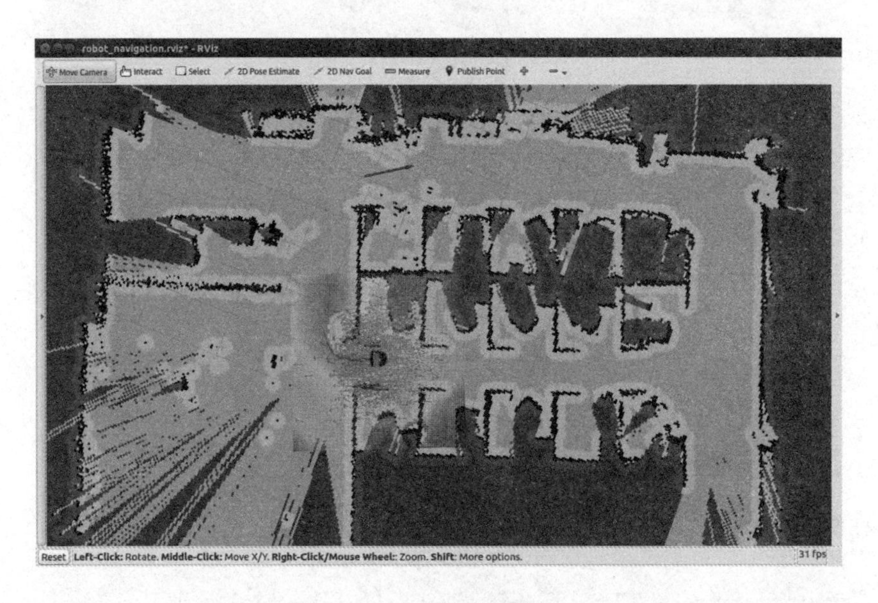

图 8.21　小车移动到箭头位

8.5 本章习题

1. 用仿真机器人分别实现手动建图和自主建图并保存地图。
2. 仿真机器人实现机器人单点导航和多点导航。
3. 真实机器人实现建图和自主导航。
4. 请简述 Navigation 导航框架。
5. 请简述 move_base 和 amcl 的作用。

第 9 章 机器人语音功能

9.1 语音采集

语音采集的实验目的是了解语音采集的过程以及端点检测，了解 ALSA 库，用提供的 ROS 包采集一段语音音频。

9.1.1 实验原理

1. 语音采集的过程

声音以模拟信号的形式，被声音采集器（例如麦克风）采集，然后通过声音处理器（例如声卡）处理成数字信号，然后在操作系统层面，给声音处理器安装驱动后，可以通过一些语音库（例如 ALSA 库）与硬件设备通信，来读取想要格式的语音数据。

2. 语音的端点检测

在语音采集的过程中，会存在很多静音段，如果不剔除静音段，所采集的语音在后面传输及处理时就会无谓的占用很多资源。为了解决这个问题，加入了语音的端点检测，使得人我们可以抛弃静音段，只采集有效的语音段。常用的端点检测算法有：短时能量及短时过零率、短时相关分析、谱熵、倒谱、以及隐马科夫（HMM）模型等。

3. ALSA 库

ALSA（ Advanced Linux Sound Architecture ）是 Linux 下的声卡驱动，它提供了 Linux 硬件的驱动，同时还提供了录制和播放的 api 函数，可以通过 api 函数配置硬件设备，读取用户需要格式的音频。

4. 功能包

关于语音采集的全部代码位置：～/bobac2_ws/src/bobac2_audio/audio_collect

该功能包提供了结合端点识别的语音采集服务，可以调用这个服务录制音频。

5. Launch 文件分析

Launch 文件分析分析如下：

```
<launch>
<node pkg = "audio_collect" type = "audio_collect" name = "audio_collect" output = "screen">
```

```
//启动服务节点
<param name = "audio_file" type = "string" value = "./source/AIUI/audio/1.wav"/>
//指定录制的声音的存放目录
</node>
</launch>
```

9.1.2 实验步骤

1. 启动语音采集服务节点

运行 launch 文件,在终端运行命令:

```
$ roslaunch  audio_collect  audio_collect.launch
```

2. 调用服务

打开一个窗口,运行命令:

```
$ rosservice  call  /collect  1
```

语音服务的输入请求 collect_flag 不为 1 时,才会调用服务成功。

对着麦克风说一句话,此服务就能准确采集;采集完成后,在调用服务的窗口服务返回采集的音频所储存的地址,如图 9.1 所示。

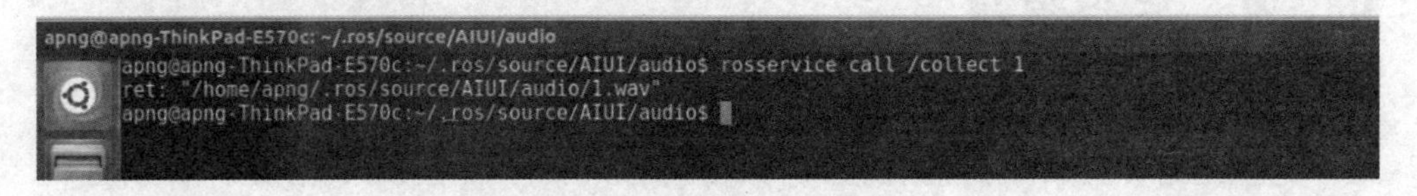

图 9.1　语音采集调用服务窗口

播放录制的音频,须输入以下两条指令:

```
$ cd  /home/reinovo/.ros/source/AIUI/audio/1.wav
$ aplay  1.wav
```

此时,就可以听到刚才所说的话。

9.2　语音识别

了解科大讯飞的 AIUI 语义识别库,运用功能包识别一段语音,并应答。

9.2.1 实验原理

1. 科大讯飞 AIUI 服务

AIUI 作为科大讯飞最新推出的服务，能够实现语音识别和语音问答。有别于之前 msc 中的语义识别，性能得到了优化，支持的平台更多，而且有了 C++版的 SDK，其返回的结果采用了消息机制，提供了动态实体以及自定义技能，让开发者可以丰富多变地进行后期开发。

2. 功能包

关于语义识别的所有代码位置：~/bobac2_ws/src/bobac2_audio/ifly_package，该功能包提供一个语义识别的服务，可以调用此服务识别一段音频，并得到其语义问答。

3. Lanunch 文件分析

Lanunch 文件分析如下：

```
<launch>
<node pkg = "aiui_semantic" type = "aiui_semantic" name = "aiui_semantic" output = "screen">
//启动服务节点
</node>
</launch>
```

9.2.2 实验步骤

1. 准备音频文件

这里用到实验采集到的音频，例如用语音采集一段音频，内容是："深圳天气怎么样"。

2. 启动语义识别服务节点

打开一个终端窗口，运行命令：

```
$ roslaunch  aiui_semantic  aiui_semantic.launch
```

3. 调用服务

打开一个终端，运行命令：

```
$ rosservice  call  /aiui"/home/reinovo/.ros/source/AIUI/audio/1.wav"
```

命令后面双引号引起来的内容表示要识别的语音文件的路径，如果要识别其他的地方的音频的话，须改变这个参数。运行这条命令后，第一个窗口的显示如图 9.2 所示。

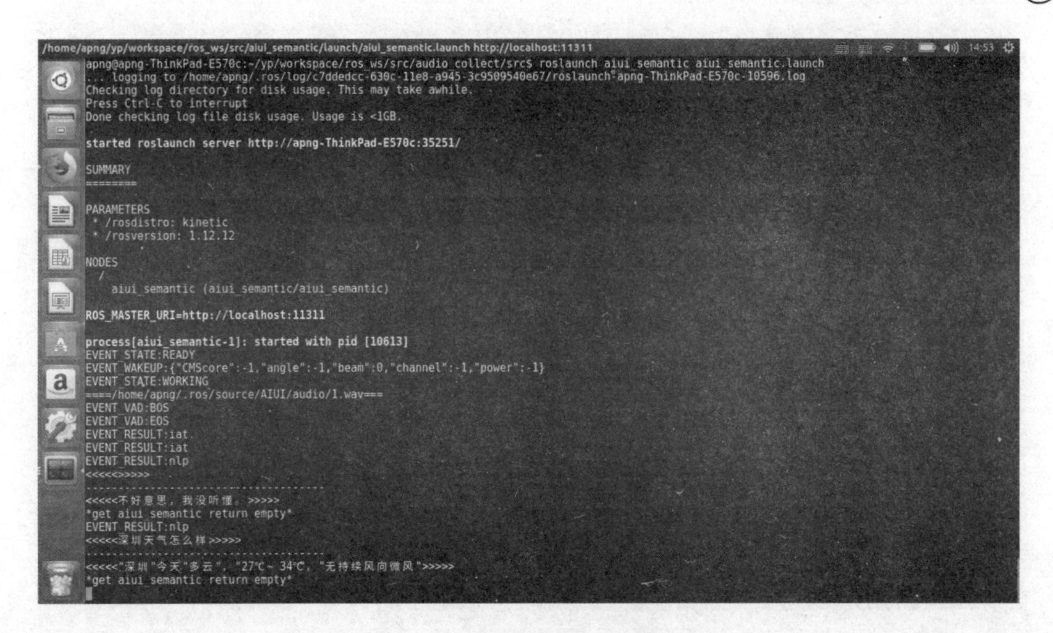

图 9.2 语音识别调用服务窗口

9.3 语音合成

了解科大讯飞语音合成 SDK,并用给出的功能包合成一段语音。

9.3.1 实验原理

1. 科大讯飞语音合成

科大讯飞提供的语音合成服务是将一段文字,合成为对应的一段语音。它所使用的库是科大讯飞的 msc 库,与 AIUI 不同。

2. 功能包

关于语音合成所有代码位置:~/bobac2_ws/src/bobac2_audio/speech_synthesis 这个包提供了一个语音合成的服务,可以利用它,将一段文字合成对应的一段音频。

3. Launch 文件分析

Launch 文件分析如下:

```
<launch>
<node pkg = "speech_synthesis" type = "speech_synthesis" name = "speech_synthesis" output = "
screen">  //打开服务节点
<param name = "tts_audio_file" type = "string" value = "/home/apng/.ros/source/AIUI/audio/tts.
wav"/> //合成的音频存放地址
</node>
</launch>
```

9.3.3 实验步骤

1. 启动语义识别服务节点

打开一个终端窗口,运行命令:

```
$ roslaunch  speech_synthesis  speech_synthesis.launch
```

2. 调用服务

打开一个终端窗口,运行命令:

```
$ rosservice call /tts"我是一个粉刷匠"
```

命令后面双引号里的文字是要合成音频的内容,当然,可以变为任意想要合成的内容,合成完成后在第二个窗口会返回合成的音频所储存的位置,如图 9.3 所示。

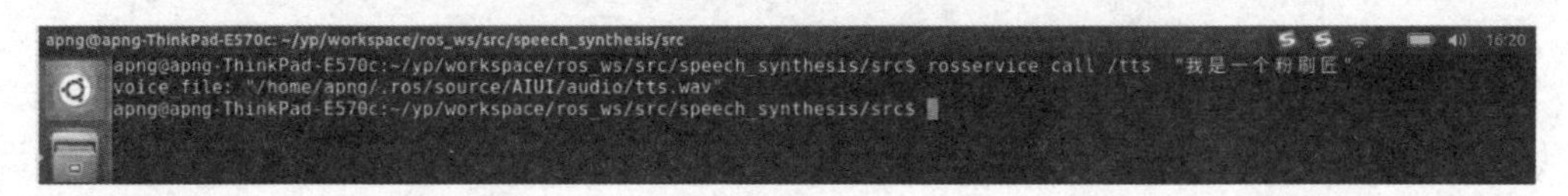

图 9.3 语音合成调用服务

3. 播放合成的音频

在终端窗口运行:

```
$ cd  /home/reinovo/.ros/source/AIUI/audio
$ aplay  tts.wav
```

即可听到要合成的音频。

9.4 语义识别与对话

综合应用前面三个实验中学习的功能包,实现一整套完整的语音系统。

9.4.1 实验原理

1. 语音包的使用流程

这里，机器人的一个完整的语音系统应该是：判断有没有人说话，有人说话后就采集说话的音频，然后分析音频的内容，做出相应的回答，并将回答内容合成音频，以语音的形式反馈给说话人。各个部分的服务，前面实验都已经讲解过了。

2. 功能包

关于对前面三个实验中学习的包进行的整合调用，实现一整套语音体系的所有代码位置：~/bobac2_ws/src/bobac2_audio/voice_apply/src，可以用它来实现完整的语音交互。

3. 源码文件分析

(1) voice_apply.h（头文件）

voice_apply.h 文件分析如下：

```
#include <stdio.h>
#include <unistd.h>
#include <sys/types.h>
#include <sys/wait.h>
#include <iostream>
#include <ros/ros.h> //ros 头文件
#include "voice_msgs/collect.h"  //语音采集头文件
#include "voice_msgs/aiui_server.h"  //aiui 语音问答头文件
#include "voice_msgs/ss_server.h"  //语音合成头文件

using namespace std;

class Test //创建 Test 类
{
public: //共有成员
Test(); //构造函数
~Test(); //析构函数
private: //私有成员
string aplay_file; //文件地址
ros::NodeHandle m_handle; //创建节点句柄
ros::ServiceClient audio_client; //创建语音采集客户端
ros::ServiceClient aiui_client;  //创建 aiui 客户端
ros::ServiceClient tts_client;   //创建语音合成客户端

voice_msgs::collect  audio_srv;  //实例化语音采集服务
voice_msgs::aiui_server aiui_srv; //实例化 aiui 服务的
```

```
voice_msgs::ss_server tts_srv;  //实例化语音合成服务
void run(); //实现功能的函数
};
```

(2) voice_apply.cpp

voice_apply.cpp 文件分析如下：

```
#include "voice_apply.h"
Test::Test() //初始化构造函数
{
audio_client = m_handle.serviceClient<voice_msgs::collect>("collect");
//audio_client 将请求 collect 服务,服务的消息类型为 voice_msgs::collect。
aiui_client = m_handle.serviceClient<voice_msgs::aiui_server>("aiui");
// aiui_client 将请求 aiui 服务,服务的消息类型为 voice_msgs::aiui_server。
tts_client = m_handle.serviceClient<voice_msgs::ss_server>("tts");
// tts_client 将请求 tts 服务,服务的消息类型为 voice_msgs::tts
run( );//调用函数
}
Test::~Test(){ } //析构函数,释放内存
void Test::run()
{
ros::Rate loop(9);  //设置循环频率,9Hz
while(ros::ok()) {
audio_srv.request.collect_flag = 1;  //语音采集信号
if(audio_client.call(audio_srv))
{
//调用采集服务
aiui_srv.request.audio_file = audio_srv.response.ret;
//将采集到的音频文件传给 aiui,
if(aiui_client.call(aiui_srv))
{
//调用 aiui
if(! aiui_srv.response.nlp_str.empty( )
}
{
//如果 aiui 返回的不是空字符
tts_srv.request.text = aiui_srv.response.nlp_str;
if(tts_client.call(tts_srv))
{
//调用语音合成服务
aplay_file = tts_srv.response.voice_file;//将合成的音频文件传给播放器
pid_t pid; //定义一个变量来接收 fork 返回的 pid
pid = fork();  //分出一个子线程
if(pid < 0)
{
```

```
//如果 pid<0 则说明 fork 失败
cout<<"fork error"<<endl;
}
else if(pid == 0)
{
//如果返回的 pid 为 0,则证明这是在子进程里返回的
execlp("aplay","aplay",aplay_file.c_str(),(char * )0);  //播放音频
}
else if(pid > 0)
{
//如果 pid>0,则它是在父进程中返回的
int exitcode = 0,ret;
ret = wait(&exitcode);
//调用 wait 函数等待子进程退出并回收资源
if(ret == -1) {
cout<<"have no child process found"<<endl;
}
}
}
}
}


}
ros::spinOnce();
loop.sleep(); //按照循环频率延时
}
}
int main(int argc,char * * argv) //主函数
{
ros::init(argc,argv,"voice_test1"); //初始化节点
Test test;实例化一个类对象,初始化构造函数
ros::spin();循环等待回调函数
}
```

4. Launch 文件分析

Launch 文件分析如下：

```
<launch>
<include file = " $ (find audio_collect)/launch/audio_collect.launch"/>
//调用 audio_collect 包中的 launch 文件打开语音采集服务
<include file = " $ (find ifly_package)/launch/aiui_semantic.launch"/>
//调用 aiui_semantic 包中的 launch 文件打开语义是别服务
<include file = " $ (find speech_synthesis)/launch/speech_synthesis.launch"/>
//调用 speech_synthesis 中的 launch 文件打开语音合成服务
<node pkg = "voice_apply" type = "voice_apply" name = "voice_apply" output = "screen">
```

```
//打开综合的语音应用节点
</node>
</launch>
```

9.4.2 实验步骤

1. 启动所需要的服务

打开一个终端窗口，运行如下命令：

```
$ roslaunch  voice_apply  voice_apply.launch
```

2. 启动所需要的服务

对着麦克风说一句话，程序就会返回识别的内容和问答的内容，结果如图 9.4 所示。

图 9.4 实验结果

9.5 本章小结

通过本章的学习，应该学会了如何让机器人听懂这个世界的声音，以及怎么样让机器人通过语音表达自己的“想法”，这个过程需要用到以下 ROS 功能包和开发工具。

① audio_collect 功能包：用于实现语音采集。

② ifly_package 功能包：用于实现语音识别。

③ speech_synthesis 功能包：用于实现语音合成。

④ voice_apply 功能包：用于实现语义识别与对话。

⑤ 科大讯飞 SDK：中文语音识别、合成的重要开发工具。

参考文献

[1] 张鹏,高放,双丰. 基于 ROS 的全向移动机器人控制系统的设计与实现[J]. 组合机床与自动化加工技术,2018 (7):89 - 91.

[2] 詹润哲,姜飞. 基于 ROS 与深度学习的移动机器人目标识别系统[J]. 电子测试,2018(15):70 - 71.

[3] LAURI M,RITALA R. Planning for robotic exploration based on forward simulation[J]. Robotics & Autonomous Systems,2016,83(C) : 15 - 31.

[4] XIN S , QIU R. Spatio - temporal correlation analysis of online . monitoring data for anomaly detection in distribution networks [J]. IEEE Transactions on Smart Grid,2020(2):995 - 906.

[5] 李业谦,陈春苗. 基于 ROS 和激光雷达的移动机器人自动导航系统设计[J]. 现代电子技术,2020,43(9) :176 - 180.

[6] 胡春旭. ROS 机器人开发实践 [M]. 北京:机械工业出版社,2018.

[7] 王宁,王坚,李丽华. 一种改进的 AMCL 机器人定位方法[J]. 导航定位学报,2019,7(3) : 31 - 37.

[8] MATULIS M, HARVEY C. A robot arm digital twin utilising reinforcement learning[J]. Computers & Graphics, 2021, 95.

[9] HUANG C H, CHEN P J, LIN Y J, et al. A robot - based intelligent management design for agricultural cyber - physical systems[J]. Computers and Electronics in Agriculture, 2021.

[10] LU H, LIU J X, LUO Y L ,et al. An autonomous learning mobile robot using biological reward modulate STDP[J]. Neurocomputing, 2021, 458 - 463.

[11] ÁNGEL M, ABDULLA A K, DAVID M, et al. Trajectory planning for multi - robot systems: methods and applications[J]. Expert Systems With Applications, 2021, 173.

[12] ZHANG Y, LU H F, YAN B. Determination of urinary N - acetylneuraminic acid for early diagnosis of lung cancer by a boric acid covalently functionalized lanthanide MOFs and its intelligent visual molecular robot application[J]. Sensors and Actuators:B. Chemical, 2021, 349.

[13] WOOSLEY B, DASGUPTA P, ROGERS J G, et al. Multi - robot goal conflict resolution under communication constraints using spatial approximation and strategic caching[J]. Robotics and Autonomous Systems, 2021, 138 - 140.

[14] 张建伟,张立伟,胡颖. 开源机器人操作系统——ROS[M]. 北京:科学出版社,2013.